VÂNIA LÚCIA SLAVIERO

DE BEM com A VIDA

Programação Neurolinguística e Consciência Corporal

4ª Edição

Editora Appris Ltda.
4.ª Edição - Copyright© 2025 da autora
Direitos de Edição Reservados à Editora Appris Ltda.

Nenhuma parte desta obra poderá ser utilizada indevidamente, sem estar de acordo com a Lei nº 9.610/98. Se incorreções forem encontradas, serão de exclusiva responsabilidade de seus organizadores. Foi realizado o Depósito Legal na Fundação Biblioteca Nacional, de acordo com as Leis nos 10.994, de 14/12/2004, e 12.192, de 14/01/2010.

Catalogação na Fonte
Elaborado por: Josefina A. S. Guedes
Bibliotecária CRB 9/870

S631d 2025	Slaviero, Vânia Lúcia De bem com a vida: programação neurolinguística e consciência corporal: PNL 4ª geração / Vânia Lúcia Slaviero. – 4. ed. – Curitiba: Appris, 2025. 353 p. : il. ; 23 cm. ISBN 978-65-250-6655-4 1. Programação neurolinguística. 2. Corpo e mente. 3. Somestesia. 4. Consciência corporal. I. Título. CDD – 158.1

Livro de acordo com a normalização técnica da ABNT

FICHA TÉCNICA

EDITORIAL	Augusto V. de A. Coelho Sara C. de Andrade Coelho
COMITÊ EDITORIAL	Marli Caetano Andréa Barbosa Gouveia (UFPR) Edmeire C. Pereira (UFPR) Iraneide da Silva (UFC) Jacques de Lima Ferreira (UP)
SUPERVISORA EDITORIAL	Renata C. Lopes
ILUSTRAÇÕES	Paulo Dias
REVISÃO	Ruclécia Sottomaior Vânua Lúcia Slaviero
DIAGRAMAÇÃO	Carolina Candido
CAPA	Caroline Baldessari
PROJETO GRÁFICO	Marli Carvalho

Appris editora

Editora e Livraria Appris Ltda.
Av. Manoel Ribas, 2265 – Mercês
Curitiba/PR – CEP: 80810-002
Tel. (41) 3156 - 4731
www.editoraappris.com.br

Printed in Brazil
Impresso no Brasil

Sumário

Prefácio 11

Introdução: Robert Dilts para Vânia 17

O que é PNL? O que é Consciência Corporal? 19

Crises e Transformações Existenciais 21

Ilusão ou Realidade? 23

A Importância do Observador 24

O Corpo também Fala 25

Consciência - Aprendendo a Relaxar 26

Recontextualização e Ressignificação 30

Autoanálise - Roda da Vida 34

O Corpo e Seus Sinais 37

Todo Comportamento tem uma Intenção Positiva 38

Já Ouviu Falar em Sesta? 39

Dialogando com os Sintomas: Corpo/Mente 42

Comunicação Assertiva 43

Crenças 48

O Segundo Olhar 53

Vencendo Crenças: Meu Pai e Eu 56

Forma Pensamento 58

Filtros 61

O Mundo Externo Reflete Nosso Mundo Interior 63

Propósito - Ética e Liderança 64

Squash Visual 65

Valores 70

Apegos 71

Ter e Ser 76

Ho'oponopono 77

Caminho do Meio 78

PNL e NeuroAprendizagem 79

Eu sou... ou Eu estou? 83

Críticas ou Feedbacks? 84

Empatia = *Rapport* 88

Vivência de Transcendência 92

O Cocheiro... A Carruagem ... E os Cavalos! 95

Foco 101

Hora de Saber o que Quer 106

Boa Formulação de Objetivos 110

A História do Se... Então 113

Disciplina 116

Liderança Consciente 117

Qualidade Total = Q.I. e Q.Es. = Felicidade 117

Vivência para Liderança 119

Visualização Criativa: Círculo de Luz 121

Tim Hallbom 125

Como Funcionamos? 127

Diferenças entre o Visual, Auditivo e Cinestésico 132

Modalidades - Formas de Viver e Conviver Visual, Auditivo e Cinestésico ... 133

A Arte de Fazer Perguntas Assertivas 139

Metamodelo de Linguagem 140

4 Pontos para Não Julgar 143

Engenharia Interior: Como Funcionamos 144

Evolução Cerebral e a PNL 147

Como Aprendemos? 155

Perdão e Libertação 158

Tecnologia de Ponta: Submodalidades 161

Psicogeografia – Libertando o Passado 162

Balões do Desapego 167

Gatilhos Disparadores = Âncoras 170

Desinstalando Âncoras 173

Pelé 175

T.O.T.S. - Mudando Comportamentos 179

Usando a PNL para Reprogramação 184

Gerador de Novos Comportamentos 185

Níveis Neurológicos 187

Limpeza e Harmonização Física e Emocional 189

Relacionamentos 191

Metáforas 195

Meditação: Frequência do Amor 200

A Arte da Modelagem 202

Ocitocina e Endorfinas 206

Memórias - Colar de Pérolas 209

O Tempo 210

Estado de Presença do Ser 212

Aprendendo a Programar a Mente 213

Atenção Plena - Foco - Consciência 215

Consciência Corporal 221

Respiração Para o Bem-Estar 221

Meditação e Pausas Salutares 226

Acalmando a Mente com a Meditação 228

Antivírus no Biocomputador 233

Consciência Respiratória 236

Vamos Despertar a Capacidade Respiratória 238

Sopro Haaaaa 243

Encontrando a Lucidez 244

Como Ficar Mais De Bem com a Vida 252

Alimentação 256

Relógio Biológico - Bússola Interior 264

Ambiente 267

Sol - Natureza 268

Sabedoria na Simplicidade 275

O Sorriso e a Imunidade 276

Aposentadoria - Melhor Idade? 281

Infância - Planaltina do Paraná 283

A Cura Natural de Minha Mãe - Meu exemplo de Vida 285

Exercícios de Cura - Minha Mãe 297

Giros da Fonte da Juventude 297

Bolinhas de Tênis: Alivia Dores 299

Cuidando da Coluna e da Postura 302

Yogando em Qualquer Lugar 304

Guiberish 309

Vocalizando as Vogais 310

Corpo Emocional 318

Limpando e Reprogramando 319

Alongamentos Laborais.. 322

Como Andar - O Corpo Fala 323

Shantala e Massagem Curativa 327

Atualizando o Sistema Corporal 330

10 Pontos da Higiene 332

Trataka – Limpeza dos Olhos 334

Yoga – Árvore da Vida 337

Praticando Saúde 339

Assumindo a Própria Vida 339

Prática Simples para Fazer em Casa 340

Série de Yoga Suave + PNL 341

Praticando Neuroplasticidade 344

A Autora 348

Livros de autoria de Vânia Lúcia Slaviero 349

Bibliografias Recomendadas 350

Depoimentos 351

ATENÇÃO!

As citações deste livro, que se encontram "entre aspas" e que não citam os autores, são de autoria de Vânia Lúcia Slaviero.

De Bem Com a Vida

Agradeço

Edição 1

A Deus e ao Mestre Jesus por seu exemplo constante em minha vida.

Ao Adolfo pelo presente.

Agradeço, em especial, ao ilustrador Paulo Dias.

Agradeço a invenção do papel, da eletricidade... de tudo o que facilita minha vida nesta existência. Meus ancestrais dariam pulos de alegria ao participar de tudo isto.

Agradeço a todos que me possibilitam fazer a conexão do polissistema físico com o espiritual me ajudando no processo da intuição.

Agradeço aos tradutores dos textos em inglês: texto de Robert Dilts: Raphi Kutchukian (SP) – texto de Tim Hallbom, meus professores de Inglês maravilhosos – Marga e Milton.

Em especial ao meu mentor espiritual Ir. Leocádio José Correia e Ir. Grimm, na SBEE, por meio do médium Maury Rodrigues da Cruz em Curitiba.

Ofereço estas páginas a...

Minha Família... pessoas que escolhi nesta existência como pais, irmãos e suas respectivas famílias que hoje também fazem parte da minha vida.

Mãe - Maria Irma: Minha primeira e a maior de todas as professoras - meu exemplo de vida. Inspirada em você estas páginas se constroem.

Pai - Delfo: Agradeço a firmesa e docilidade de seu olhar... a liberdade de ir e vir com sua completa aceitação. Seu exemplo de um homem forte, bom, humilde e trabalhador.

Shirley: minha "Irmãe": Para mim... você é uma sábia. Agradeço imensamente os caminhos que você me apresentou e que por curiosidade acabei trilhando e muito aprendendo... o Yoga e a Espiritualidade. Você é minha "grande amiga". Você me deu dois presentes maravilhosos:

Shely: Amo tanto minha sobrinha como se fosse minha filha. Linda e muito inteligente. Nossos abraços preenchem meu coração.

Orteniz: Mais que um cunhado, um amigo, um irmão. Grande artista. Grata por tudo o que faz por mim e minha irmã.

Foto do lançamento deste livro - Edição 1

Glademir: Meu irmão e primeiro grande amigo, cúmplice nas alegrias, tristezas e sacanagens. Sua presença amorosa é constante em minha vida, nas lembranças da melhor infância, em Planaltina do Paraná. Você me deu três presentes maravilhosos:

Rose: Minha cunhada, professora e artista supertalentosa. Agradeço nossas caminhadas descalças na terra vermelha, trocando ideias... mulher guerreira e supermãe dedicada que trouxe ao mundo junto do meu irmão duas preciosidades:

Alana: O mais lindo Rouxinol, minha adorável e alegre sobrinha. Sua voz é uma canção para meus ouvidos, principalmente quando canta com a voinha.

Guilherme: O sobrinho caçula. Garoto forte, lindo e esperto. Dá para ver em você um grande fazendeiro quando está sobre o cavalo se deliciando na pastagem da fazenda. Orgulho do vô.

"Sabedoria vem de sentarmos juntos e verdadeiramente discutirmos sobre nossas diferenças, sem a intenção de querer mudá-las".

Gregory Bateson

2ª. Edição

Agradeço ao amigo Adolfo Turbay, por me orientar com tanta precisão.

À querida Teresina Costa por sua sabedoria em melhorar minha escrita.

Nota da 3ª. e da 4ª. Edição

Minha querida mãe fez sua passagem para outra dimensão, com muita dignidade e amor. Até os últimos dias de sua vida ela fez o que está escrito neste livro. De forma serena, fez sua despedida. Como sempre falei, não importa a quantidade e sim a qualidade. Como a vida continua, sei que estaremos juntas em novas roupagens. Gratidão, minha Mestra e Mãe. Quanta honra sinto por ter me permitido ser sua filha. Amo você eternamente.

"Se queres mudar ao mundo, muda-te a ti mesmo."

Gandhi

Vânia Lúcia Slaviero

Minha Mãe... Minha Mestra

Coisas que você não sabe que sabe!

Coisas que você sabe que não sabe e pode aprender.

Coisas que você não sabe que não sabe e é fundamental saber!

Coisas que você pode aprender e ensinar!

Foto no lançamento deste livro

Neste livro você aprenderá estratégias de Programação Neurolinguística para sua vida.

Estas estratégias são inatas em nosso biocomputador (mente/corpo), mas a maioria não sabe acessar e nem usar direito. Estas habilidades podem ser utilizadas em todas as áreas: na saúde, relações, estudos, profissão... pois é o manual de como funcionamos.

Minha mãe aprendeu a usar sua sabedoria, depois de ter feito uma enorme hérnia na L5 e outros problemas na coluna que quase a paralisou.

Os médicos diziam: - A senhora está muito mal, pode ir para uma cadeira de rodas e não poderá carregar peso, fazer atividades, caminhar, etc.

Ela sofreu de muitas dores por anos, chorou... quase desistiu de tudo, mas em sua fé se reinventou. E se curou. Sem cirurgia... naturalMente.

– Como?

Neste livro, mostro a forma de pensar e as práticas corporais que se tornaram natural na minha vida e na dela.

Absorva ao máximo este conhecimento e verá os milagres que a vida pode fazer em você.... e que tem feito em mim.

O Milagre É... e está em Você!

Prefácio

Para fazer o prefácio, convidei um grande amigo que admiro, da SBEE, o Doutor Geraldo Miranda Graça Filho - Médico e Homeopata de Curitiba, de uma sabedoria, sensibilidade e humanidade incríveis. Ele nos faz refletir sobre o que é Vida, Estresse, Visão Biopsicossocial e Mosaico Terapia.

Vida

Estamos vivendo em um mundo de transformações cada vez mais rápidas. O avanço tecnológico tem trazido inovações que modificam radicalmente o nosso dia a dia. E o acesso a informações está cada vez mais fácil.

Contudo, a reflexão sobre o significado e as repercussões dessas mudanças têm estado em segundo plano, que acrescido ao pouco aprofundamento na compreensão e finalidade de nossas existências têm causado profundas crises em muitas pessoas. Deixamo-nos ser levados por modismos e costumes como meros atores, sem assumirmos papeis de críticos, planejadores e programadores de nossas próprias vidas.

Vivemos os efeitos sem nos preocuparmos com as causas. Urge, pois, uma revisão e reconceituação de alguns fundamentos da nossa existência.

Que tal começar pelo âmago?

O que é Vida?

Para o biólogo são os processos fisiológicos que mantêm os sistemas biológicos organizados, permitindo sua sobrevivência e reprodução da espécie, bem como sua evolução adaptativa.

Mas, e o vírus que fica inerte no meio ambiente, por longos períodos, sem nenhum processo metabólico ativo, estaria, de acordo com este conceito, vivo ou morto?

A mesma pergunta se faz àquela semente de trigo que por milhares de anos repousou no interior de uma pirâmide e quando foi recentemente encontrada e plantada, germinou.

Não é suficiente definir vida somente como processos metabólicos que permitem a homeostase dos organismos vivos e a perpetuação da espécie. É sim um princípio inteligente que se contrapõe à lei natural de desorganização, conhecida como entropia. Ou seja, qualquer estrutura complexa quando deixada na Natureza, sem um princípio inteligente para preservá-la, irá progressivamente se desorganizar até liberar seus elementos básicos.

O "princípio inteligente" que dá vida à matéria, determina a sua organização, coordena o seu processo de auto-regeneração após o desgaste pelo uso. É também responsável pela renovação, ou seja, após determinado tempo, novos seres são formados a partir dos seres adultos, e assim, pela perpetuação das espécies.

Este "princípio inteligente", com diferentes graus de complexidade, está em contínuo processo de evolução. No ser humano, ele apresenta uma característica peculiar e particular, que é a consciência de si mesmo e do seu processo de evolução. Infelizmente, muitas vezes deixamos de explorar em profundidade esta faculdade. É através da autoconsciência que passamos a ser "diretores" de nossas vidas e não somente atores. Para operarmos esta nova proposta alguns elementos são úteis.

O primeiro, é compreendermos a finalidade da vida e perceber os seus objetivos. Vida é evolução. Precisamos ser flexíveis para melhor nos adaptarmos às mudanças ambientais e sociais. Precisamos criar e inovar, ampliar nossos horizontes.

O segundo, é entendermos certos processos operacionais básicos da vida. Todos operam com mecanismos de sistemas cíclicos com retroalimentação (feedback) onde, após um estímulo, o seu efeito é avaliado e interpretado para modular o estímulo seguinte. Portanto, autoavaliação é fundamental.

Outra característica é o funcionamento em "ritmos" predeterminados. São oscilações ou variações periódicas e repetidas. Um bom exemplo é o nível de consciência. Este não é o mesmo em 24 horas. Ao acordarmos, o nível de lucidez aumenta progressivamente e o pico máximo é peculiar para cada um. Pode ser de manhã, tarde ou à noite, mas em seguida diminui gradativamente até chegar ao sono novamente. E este também tem intensidade variável. Desde o sono superficial até o sono profundo e aí o ciclo se reinicia. No momento em que o sistema está menos ativado é que o processo de autorregeneração é mais intenso (ver exercícios de relaxamento e meditação).

A desorganização destes ritmos provoca a perda de eficiência dos sistemas e hoje é uma das principais causas de distúrbios e até doenças.

Estresse

É neste contexto de vida que devemos buscar o que é estresse.

Para muitas pessoas, estresse é cansaço, fadiga, desgaste, mal-estar, e o ideal seria viver sem ele.

Entretanto, o estresse é pedra fundamental da vida. Os biólogos observaram que animais em situações de risco de vida apresentam modificações interiores muito interessantes.

São liberados vários hormônios na corrente sanguínea, como adrenalina, o cortisol, o hormônio de crescimento e o glucagon. Eles causam o aumento da frequência dos batimentos cardíacos, aumento da pressão arterial, elevação da taxa de glicose no sangue e no aumento da lucidez, atenção, concentração, otimizando à resposta de luta ou fuga. Sem essas mudanças, a probabilidade de sobrevivência diminuiria.

No ser humano, a atenção, concentração e prontidão são fundamentais para o aprendizado que ajuda no processo de adaptação às mudanças sociais e ambientais. Contudo, os desafios contemporâneos, muitas vezes, não podem ser resolvidos a curto prazo. São necessários períodos mais longos e uma progressiva e sucessiva superação de etapas.

O estilo de vida frenético e imediatista comumente não permite pausas para o relaxamento e reflexões, prejudicando a oscilação cíclica do processo estresse-relaxamento, que leva a um estado de permanente tensão, determinando o estado estressante.

A ausência de relaxamento priva o organismo da etapa de reposição de energia e autorregeneração. O estresse é um estado catabolizante, ou seja, de consumo. É no estado estressante que aparecem os sintomas de cansaço, desânimo, estafa, etc. O desconhecimento do processo de estresse é responsável pela não identificação da perda do seu equilíbrio, transformando-o de ferramenta útil em algo perigoso.

Como vida é evoluir, e para tal é necessário aprender, e para aprender é necessário atenção, concentração e prontidão, fica difícil viver sem estresse. O novo, até que seja conhecido e dominado, cria um estado de tensão até a nova adaptação.

A solução é conhecer melhor o processo de estresse, para então poder administrá-lo corretamente. Entender o seu significado, compreender seus

mecanismos, nos conscientizarmos dos fatores desencadeantes, aperfeiçoar os processos de avaliação e interpretação de suas etapas.

Nessa caminhada é fundamental "conhecermos o nosso corpo".

Visão Biopsicossocial

Somos uma unidade biopsicossocial.

Possuímos um corpo biológico complexo, bem organizado e muito versátil, se adaptando às mais diferentes necessidades. Possui sistemas muito inteligentes, como o sistema imunológico, capaz de identificar e destruir elementos estranhos com rapidez e precisão. O sistema hormonal, que regula e integra todas as células do corpo. O sistema nervoso, que liga o meio exterior e interior do organismo de forma instantânea.

A medicina, por um tempo, aceitou que o corpo podia funcionar independentemente da nossa mente. Foi a época da fragmentação da medicina e do grande avanço da especialidade. Entretanto, o tempo mostrou a limitação desta visão.

Os Infartos miocárdicos, devido ao entupimento dos vasos coronarianos, eram devido a fatores externos ao coração, tais como: vida sedentária, tabagismo, alimentação inadequada e estresse. As úlceras gástricas eram causadas por tensões emocionais crônicas. Surgiu então a psicossomática, ramo da medicina que busca o entendimento da interação permanente do corpo e da mente. Hoje aceita-se que toda doença é psicossomática, ou seja, todo transtorno emocional altera o funcionamento ou até a estrutura do corpo físico. E toda alteração do corpo repercute sobre o estado mental.

Por mais que a gripe seja uma virose que acomete o corpo, o nosso estado emocional muda. Tensões emocionais levam a alterações biológicas por mecanismos hormonais, imunológicos ou nervosos.

Embora o indivíduo seja uma unidade básica, ele só se realiza como pessoa e cidadão na interação e integração com seus semelhantes. Portanto, o equilíbrio individual é dependente da interação e integração social.

Desde o início da vida, o ser humano já depende de seu semelhante. O recém-nato não consegue sobreviver sozinho no mundo. Necessita do seu semelhante para ser alimentado, para aprender a cultura do meio em que está, e necessita dos seus semelhantes para as grandes construções sociais.

O respeito ao meio ambiente físico é que permitirá a estabilidade e condições apropriadas para sustentar a vida biológica e mental. O descontrole da poluição é hoje um risco grave à vida.

É difícil eleger qual dos quatro fatores: corpo, mente, ambiente físico e social, é o mais importante, pois a falta de um limita e pode inviabilizar os demais. Neste momento a visão sistêmica nos ajuda.

O mais importante não está nas partes em si, e sim na capacidade de cada parte se interrelacionar e se integrar com as demais, e novas características surgem, demonstrando que o todo é maior do que a soma simples das partes. Um animal vivo é mais que a soma simples de suas partes após sua dissecação.

O estresse novamente necessita deste contexto para ser compreendido. O estado de atenção, tensão e prontidão que ele determina desencadeia mudanças com repercussões e vários aspectos do ser humano. Tensão emocional muda a fisiologia do corpo, a capacidade de integração social e o nível de influência no meio ambiente físico.

Estados estressantes crônicos fazem com que o corpo mostre sintomas e sinais que funcionam como sinalizadores, advertindo do atingimento dos limites de aceitação biofísica. São as dores de cabeça, gastrites, hipertensões e eczemas determinados ou agravados por tensões emocionais. Os estados de tolerância, humor e temperamento mudam, repercutindo no relacionamento social.

Precisamos nos autoconhecer, para melhor nos avaliarmos e identificarmos o grau de desvio em relação ao equilíbrio ideal e, então, de maneira ativa e responsável realizarmos as devidas modificações necessárias.

Mosaico Terapêutico

Na busca de recursos que nos ajudem a recuperar o nosso bem-estar, equilíbrio e harmonia, é comum vermos pessoas insatisfeitas.

Uma das razões é que as pessoas buscam alternativas que compensem ou suprimam os sintomas desagradáveis, e pouco se preocupam com as mudanças de hábitos e costumes causadores das alterações. Buscam o xarope para sedar a tosse provocada pelo tabagismo e não a determinação para acabar com o vício, consequentemente, o medicamento terá efeito transitório.

Outra causa da ineficiência pode ser a visão muito simplista dos distúrbios. A queimação da gastrite é aliviada pelo antiácido, porém, se a causa não for afastada, com frequência o problema ressurgirá.

Uma causa de insucessos terapêuticos pode ser a ilusão de que o recurso terapêutico é universal. Muitos acreditam que as infecções podem ser curadas pelos antibióticos. Estes têm pouco valor quando a infecção é viral, e efeito muito restrito quando a resistência orgânica do hospedeiro está debilitada.

O ideal é que o recurso terapêutico seja eficiente, simultâneo na parte física e mental.

Está crescendo a concepção de terapias complementares. Um conjunto de diferentes recursos terapêuticos que se complementam entre si. Um indivíduo com úlcera gástrica, com sangramento digestivo grave, deverá ser submetido a uma cirurgia de emergência, acompanhado de medicamentos que ajudem na cicatrização no pós-operatório, e uma vez estabilizado o quadro, iniciar apoio e orientação psicológica para mudanças no modo de vida, reformulações de crenças e valores. Aqui entra muito bem a Programação Neurolinguística.

Este mosaico de recursos terapêuticos permite que cada sistema possas ser usado dentro do seu espectro de ação, aumentando sua eficiência. A somatória final será mais efetiva, pois permitirá uma abordagem mais sistêmica do indivíduo e com equilíbrios mais duradouros.

Dr. Geraldo Miranda
Graça Filho
Médico, Mestre em Pediatria

Dr. Geraldo recebendo o livro com minha dedicatória no lançamento da Primeira Edição.

Introdução

Robert Dilts para Vânia Lúcia Slaviero

"O verdadeiro bem-estar em Saúde não vem de técnicas e tratamentos. Ao invés disso, surge em resultado de um estilo de vida, comprometido com as práticas de um viver saudável. Tais práticas devem cobrir uma gama de componentes necessários para a Saúde do Sistema como um todo. Além de um corpo saudável, um estilo de vida saudável inclui ter Mente, Coração e Espírito vitais.

O livro da Vânia representa uma tendência importante na nossa compreensão da Saúde e de nossa habilidade em alcançá-la de forma mais profunda e consistente.

Por integrar a diversidade de disciplinas, ela fornece uma abordagem abrangente para se alcançar e manter um estado mental e de saúde duradouros.

A partir de práticas de Yoga, Administração do Stress, Ciência da Mente/Corpo e Programação Neurolinguística, Vânia sintetiza os fatores principais de métodos, visando promover um Bem-Estar Fisico-Mental-Emocional e Espiritual melhores.

Talvez ainda, o mais importante de tudo é que esta Mensagem de Vida Saudável vem de um Mensageiro que realmente "Faz o que Fala". Como pessoa, Vânia é a Encarnação de uma Mente, Corpo e Espirito Saudáveis.

Sua Congruência com sua Mensagem é Inspiradora, da mesma forma como é o seu inquestionável comprometimento com o Caminho da Saúde.

É uma alegria e uma honra ter Vânia como colega e companheira na Nossa Missão de trazer mais Saúde e bem-estar ao nosso Planeta."

Robert Dilts

20/11/96

Quem é Robert Dilts?

Robert Dilts é autor, criador e consultor em Programação Neurolinguística (PNL) desde que ela foi criada em 1975, por John Grinder e Richard Bandler. É formado em Tecnologia Comportamental pela Universidade da Califórnia, em Santa Cruz. Premiado em 1977 por sua pesquisa sobre movimentos oculares e a função cerebral, realizada no Instituto de Neuropsiquiatria Langley Porter, em São Francisco. Desde 1982, é o presidente da Behavioral Engineering. É autor de mais de vinte programas de computador, entre eles o Mind Master, uma interface especial que permite ao computador receber e responder a padrões humanos de pensamento. Robert Dilts escreveu mais de 20 livros sobre PNL. Atualmente é Presidente da Comunidade Mundial de Programação Neurolinguística em Saúde, em sete países, incluindo o Brasil, com sede na Califórnia - EUA.

Dilts, grata sou por caminharmos juntos logo cedinho, antes das aulas, onde suas palavras tão inspiradoras me incentivavam a continuar em meu caminho. Você é um Mestre autêntico para mim.

Dr. Allan Ferraz Santos Jr., um mestre em PNL, minha jornada só foi possível por ter sido iniciada e orientada por sua sabedoria tão assertiva.

Vânia e Dr. Allan

Tim Hallbomm, Vânia, Dilts, Suzi Smith

De Bem Com a Vida

O que é PNL?

PNL: Programação Neurolinguística é uma ciência que estuda o comportamento subjetivo do ser humano.

É uma maneira inovadora que auxilia no despertar da consciência de como funcionamos.

A PNL nos fornece o manual deste autoconhecimento, em uma linguagem acessível ao jeito de pensar ocidental.

Os sábios que sistematizaram esta arte científica foram: **Richard Bandler e John Grinder**. Disseram que não inventaram nada, apenas decodificaram a sabedoria humana que já trazemos em nós há milhares de anos e hoje podemos acessar de forma simples, útil e assertivaMente.

E o co-criador **Robert Dilts**, que participava das descobertas junto de Bandler e Grinder, e que é um gênio em maestria na PNL. Tenho a grata felicidade de ter feito a minha formação com ele também. Dilts escreveu a introdução deste livro como um presente para mim.

O que é Consciência Corporal?

O corpo é o primeiro lar do Ser Humano na Terra: nele é vivido e aprendido tudo o que permeia sua existência: física, mental, emocional, energética e espiritual. É a habilidade de pertencer conscientemente ao Planeta Corpo no Planeta Terra. Micro e Macro integrados em constante relação sistêmica. Esta sabedoria é decodificada no Yoga há mais de 5 mil anos. O despertar desta consciência traz a reflexão de como viver uma vida melhor, mais saudável, se respeitando e aos outros, alcançando a realização.

Fontes inspiradoras deste livro: Formações em PNL com Dr. Allan Ferraz Santos Jr. e equipe Synapsis - Robert Dilts - Tim Halbomm e Suzy Smith da Universidade de PNL nos EUA - Faculdade de Yoga - Monserrat R. Fernandes, Neyda e Ulysséa - MARP (Morfo Análise e Reajustamento Postural) e Consciência Corporal - Reeducação do Movimento Ivaldo Bertazzo.

Evolução Sistêmica - Terceira Geração da PNL

Níveis Neurológicos	Geração	Perguntas	Vórtices/ Chakras
6. ESPIRITUAL	4ª. Geração	Visão O que mais? Quem mais?	6 e 7
5. IDENTIDADE	3ª. Geração	Quem é? Qual Missão?	5
4. CRENÇAS VALORES	2ª. Geração	Porque? O que motiva?	4
3. CAPACIDADE	1ª. Geração	Como faz? Estratégias?	3
2. COMPORTAMENTO	1ª. Geração	O que faz?	2
1. AMBIENTE	1ª. Geração	Onde? Quando? Com quem?	1

1ª. Geração 1970	Mente Cognitiva - Racional - Foco no cérebro
2ª. Geração 1980	Mente Somática - Expressão e Comunicação Corporal - Relacionamentos interpessoais
3ª. Geração 1990 4ª. Geração ⟶ dias atuais	Mente de Campo: Identidade Sistêmica - Unidade: Corpo - Mente - Espírito - Emoções - Campos Mórficos - Planeta - Universo - Mundo de Possibilidades.

A abordagem para os assuntos acima foi inspirada nas aulas dos professores Dr. Allan Ferraz Santos Jr. e Robert Dilts.

De Bem Com a Vida

Crises e Transformações Existenciais

Rudolf Steiner, fundador da Medicina Antroposófica e da Pedagogia Waldorf, trouxe a reflexão de que de 7 em 7 anos (setênios), aproximadamente, nos deparamos com crises e aprendizados profundos.

Nas crises, muitos sentem um "algo", como um desconforto, que parece sem razão, pelo menos de forma consciente. Muitos, nestes momentos se desesperam, se sentindo um fracasso. Começam a remoer culpas e lamentos. Às vezes, chegam ao fundo do poço para só então decidir olhar para isso.

Alguns dizem: – Quero fugir, desaparecer... morrer.

Em crises, é normal pensarmos assim, mas a "morte que se quer" não é a física, e sim a emocional. Muitos não entendem que o que se quer, de verdade, é "liberar a casca velha para então se transformar, tal qual a lagarta faz no casulo, para só então voar como borboleta".

Não adianta se matar e nem empurrar para debaixo do tapete, pois será pior.

E me perguntam: – Você já sentiu isso, Vânia? – Sim.

– E o que você faz nestas horas? – Temos muitas possibilidades:

1. Fingir, fugir, mas isto nos perseguirá inúmeras vezes, como uma bola de neve que só aumentará e poderá ser até fatal.

2. Reconhecer que isso faz parte da vida e é necessário para se autoconhecer. Só o autoconhecimento liberta. Olho para o meu sofrimento, com sinceridade. Se preciso, choro e falo com esta dor, falo com minha alma em voz alta. Uso "todos os recursos" que neste livro menciono.

E algo impressionante acontece... minha mente clareia, meu corpo se reenergiza e começo a tomar atitudes boas para me reequilibrar. Como se eu fosse guiada de dentro para fora... um impulso brota em mim. Então, nessa hora, não questiono. Apenas ajo seguindo a intuição... que sei que é pura e na direção certa.

Quando vejo... já estou bem. Calma e serena, sabendo que tudo está certo e que devo fazer minha parte, bem-feita.

Lembro-me de que: – "O feito é melhor do que o perfeito. E perfeição é fazer o meu melhor a cada momento". Assim, minha alma sossega e flui.

Às vezes nos perdemos em nós mesmos. Mas isso faz parte. Relaxe e confie. Muitos alunos me dizem, ao término dos cursos:

– Vânia, antes de conhecer essas sabedorias, eu entrava no mal-estar por semanas ou meses, me destruía e aos outros também. Depois, começou a reduzir esse tempo. E agora sei que em até dois dias, ou em minutos, tudo já está resolvido.

– Isso mesmo. Com as informações disponíveis em nosso biocomputador, acessamos novos programas, atualizando nosso jeito de funcionar. Tenha coragem para Ser, para poder viver mais De Bem com a Vida.

Vânia Lúcia Slaviero

Uma História de Gandhi

Gandhi certa vez, foi procurado por uma mãe, que levou o filhinho consigo, e lhe pediu: – Gandhi, este menino come muito açúcar. Já tentei de tudo e não consigo que ele pare com isso. Como ele gosta muito de você, com certeza irá obedecê-lo. Por favor, peça para que ele pare de comer açúcar!

Gandhi pediu àquela mãe que voltasse uns 15 dias depois. Tempo decorrido, a mãe o procura novamente, e Gandhi olha o menino com bastante atenção e diz: – Pare de comer açúcar! O menino baixou a cabeça, mas fez sinal de que iria obedecê-lo.

A mãe não entendeu nada daquilo e perguntou muito intrigada:

– Gandhi, por que você não falou isso há 15 dias?

– É que há 15 dias eu também comia açúcar!

Ilusão ou Realidade?

"Não há nada que seja maior evidência de insanidade do que fazer a mesma coisa dia após dia e esperar resultados diferentes."

Albert Einstein

A Leitura é para a Mente, o que o Exercício é para o Corpo.

Permita-se neste livro, viver momentos de muitas descobertas, acessando maior criatividade e bem-estar, momentos e visões diferentes.

Gosto da ideia do cientista, que primeiro faz experiência, sem pré-conceitos e julgamentos, para depois avaliar.

– Vamos ser um pouco cientistas neste livro?

Por isso, vamos viajar aqui pelos mistérios da mente, do corpo, das emoções, da vida...

"Se você quer algo novo na vida... faça algo novo".

Reencontrando a Reconexão e a IntegrAção.

Vivemos em uma espécie de Maya = Ilusão.

Segundo Einstein, o "tempo" também é relativo.

O ontem, o hoje e o amanhã são convenções mentais, para nos organizarmos neste mundo tridimensional.

Tudo na vida depende do jeito que interpretamos a realidade, e esta interpretação está diretamente ligada às nossas experiências e vida, crenças e valores essenciais. Aqui reorganizaremos o que é necessário para fluirmos melhor. Assim vislumbraremos como é viver De Bem com a Vida.

Então, você pode viver o meu Presente... no Futuro... fazendo do meu Passado o "seu Presente".

E assim, estamos "juntos" aqui neste momento, escrevendo e desfrutando de algumas experiências.

Desejo que estas frequências que estou vivendo alcancem você onde quer que esteja, trazendo bem-estar em cada página absorvida.

A Importância do Observador

Fred Alan Wolf e Bob Toben (físicos) comentam no livro "Espaço, Tempo e Além", que:

"O Universo físico não existe independentemente do pensamento dos participantes. O que denominamos realidade é construído pela mente. O mundo não é o mesmo sem você. Construímos a nós mesmos e construímos uns aos outros para além do tempo. A maneira como olhamos as coisas afeta aquilo que olhamos por vias muito sutis".

"Nós influenciamos nossos futuros (e passados) diretamente com o pensamento. Toda vez que você pensa estar feliz e saudável você está realmente feliz e saudável, em alguma camada de Universo. Toda vez que você pensa estar doente ou morrendo, você está realmente doente ou morrendo em alguma camada de Universo".

Denis Waitley: Doutor em Psicologia Comportamental. Treinador mental de astronautas e atletas olímpicos, escreve em seu livro *best seller* "Impérios da Mente".

"A mente não distingue quando um evento é real ou não.
Não distingue verdade de mentira".

Eliane Serra Xavier (matemática e mestra em física quântica), quando fez meu curso de PNL disse:

– "A PNL é a prática da física quântica". Na PNL estamos aprendendo através de exercícios como observar com consciência a realidade, e que a "observação" está condicionada e influenciada pela nossa educação familiar, escolar, cultural, experiências de vida, etc...

Dentro das práticas aqui vivenciadas, aprendemos a limpar, ressignificar, reprogramar se necessário, melhorando o Presente e obtendo melhores resultados no Futuro.

E nas práticas de meditação vivenciamos integralmente a consciência do Observador (eu mesmo) diante do momento Presente.

Não necessitamos mais do papel de vítima – podemos assumir o papel de co-criadores deste Universo, mudando o que precisa ser mudado, melhorando o que está bom e o que está muito bom, tornamos excelente!

Bem-vindo ao mundo de infinitas possibilidades.

> *"5% das pessoas pensam.*
> *10% das pessoas pensam que pensam.*
> *Os outros 85% preferem morrer a pensar".*
> *Thomas Edison*

O Corpo também Fala

Albert Mehrabian e Ferris pesquisaram sobre o que é mais importante na Arte da Comunicação (Livro – "Silent Messages"):

7% - Conteúdo – Palavras
38% - Tom de Voz
55% - Não Verbal: Gestos e Expressão Corporal

Mais de 90% da comunicação é o "jeito" que a pessoa fala. Isto é de extrema importância para os relacionamentos em geral. Avalie-se:

No trabalho: – Como falo com meus clientes?

Nos estudos: – Como transmito meu conhecimento?

Na família: – Como demonstro meu afeto?

– Sei me expressar assertivaMente?

Muitas vezes estamos preocupados com as palavras, mas esquecemos que o "corpo" está falando mais rápido do que elas.

– Quer uma comunicação assertiva imediata?

Ajuste seu tom de voz, expressão corporal e aprenda a usar a neurolinguística correta.

Assim terá um resultado supersatisfatório, em rápido espaço de tempo.

Reflexão:

– Como é o meu tom de voz quando estou (no trabalho, com amigos, com família, sozinho)?

– Como são meus gestos quando eu me comunico nestes lugares?

– As pessoas entendem o que quero dizer?

Solicite ajuda de alguém de confiança para lhe dar *feedbacks* construtivos.

Nestas páginas aprenderemos cada item destes, por meio de exercícios simples e eficazes.

Vamos Praticar!

Consciência - Aprendendo a Relaxar

O primeiro item do autoconhecimento é desenvolver a habilidade de se perceber, relaxar e focar a própria atenção.

Nossa mente está constantemente exposta a uma quantidade excessiva de estímulos, o que pode deixá-la instável, cansada e irritada. A simples prática de poucos minutos, oferece os benefícios de uma noite bem dormida em um curto espaço de tempo. Além de ajudar a curar ansiedade e insônia, harmoniza todo corpo e mente. Pode ser feito sentado, recostado ou deitado. Depende do espaço que esteja disponível.

Preparando-se para o agora

Convido-o a ler tranquilamente, vivenciando e se observando.

– Qual a sua Postura Corporal neste momento?

– Você se sente confortável ou tem partes tensas?

Pare de ler e observe-se com atenção!

Enquanto vai lendo, permita-se entrar em um estado mais apropriado.

Sinta o ar entrando pelas narinas calmamente na inspirAção, levando o oxigênio para cada parte de seu corpo que quer descontrair mais...

Deixe a boca entreaberta, enquanto solta o ar espontaneamente...

Inspire... levando o ar até o abdômen... espalhando para as costas e para as costelas, até o quadril...

E deixe-o sair livre como em um suspiro... Aaahhhh...

Ar entrando suave e profundaMente... e saindo livreMente...

Enquanto seus olhos vão se acomodando adequada e confortavelMente...

E quanto mais respiramos assim... mais perto ficamos do estado ideal para uma ótima leitura... no Presente.

Você perceberá que o aprendizado acontece... sem pressa.

Inspirando-se...

Permita-se!

"A mente que se abre a uma nova ideia...
Jamais voltará ao seu tamanho original!"

Einstein

Vânia Lúcia Slaviero

Um Lugar Especial

*"A lógica pode levar de um ponto A a um ponto B.
A imaginação pode levar a qualquer lugar".*

Albert Einstein

Imagine como se pudesse estar ao meu lado agora, em uma fazenda de coqueiros, rústica, à beira-mar... construções em madeiras fortes, lindas e largas.

A suíte com varanda é no segundo andar com vista para o mar.

Quarto grande, em estilo antigo... dois janelões de madeira, enormes, desde o chão até quase o teto... onde se pode dormir a noite toda com a janela aberta para ver as estrelas... e a Lua prateando o céu...

O clima é agradável... refrescando os ambientes de descanso...

O vento suave faz um som gostoso... balançando as folhas dos coqueiros... O som do mar calmo encontrando a areia... os pássaros cantando.

Estou agora escrevendo em Morro de São Paulo, uma bela ilha na Bahia.

A noite é serena... o ar refrescante entra pelas janelas... e o lençol macio é o suficiente para trazer todo conforto que é preciso... amanhece o dia às 5 horas e acordo com o canto dos passarinhos... vou até a varanda, com rede branca de franjas... uma cadeira preguiçosa, também branca, com almofadas azuis...

Recostada, vejo o mar à frente... é um lindo e envolvente quadro, sem moldura.

Vejo e ouço os coqueiros se balançarem em uma suave melodia... entre o mar, você e eu.

Água... água de coco natural e fresquinha...

Em cada flor... um Beija-flor... e o Beija-flor beija a flor que está despertando... e o ritmo calmo, tranquilo continua... pois neste mundo há estas frequências... este embalo... esta suavidade no ar...

É como se pudéssemos degustar este momento... bebendo o que é bom...

Assisto ao Sol surgindo no horizonte... como um espetáculo de cores sobre o mar... uma sensação agradável vai envolvendo meu coração.

Dá até para pensar que o Sol também está preguiçoso... mas acredito que são os olhos de quem o vê que ainda estão por acordar... e o Sol se levanta... dourado... alaranjado... colorindo o mar...

Acorda a Natureza para mais um... surpreendente dia... por que não?

É só esperar... e às 06 horas o dia está totalmente claro... as ondas vão e vêm, num ritmo tão calmo, tão calmo, que os ouvidos conseguem experimentar o Silêncio entre uma onda e outra...

Como quando aprendemos a perceber e sentir o silêncio entre um pensamento e o outro.

"Existe um espaço entre um pensamento e outro... respire e mergulhe... ali habita um mundo de infinitas possibilidades."

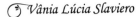
Vânia Lúcia Slaviero

Recontextualização e Ressignificação

"A surdez foi de grande valia para mim. Poupou-me o trabalho de ficar ouvindo grande quantidade de conversas inúteis e me ensinou a ouvir a voz interior".

Thomas Edison

Segundo o físico austríaco Fritjof Capra, autor de O Tao da Física e O Ponto de Mutação, "os problemas mais críticos enfrentados hoje pelo homem - seja em nível político, econômico, social, de saúde ou ecológico - integram uma complexa crise de "percepção da realidade"... precisamos com urgência de um novo paradigma baseado na ecologia profunda, mais sistêmico".

Cada pessoa faz uma leitura de mundo fragmentada e limitada e acreditamos que todos interpretam o mundo da mesma forma e isso faz vivermos em grandes distorções de relacionamentos, acumulando tensões emocionais, ocasionando doenças físicas, mentais e sociais.

A PNL traz uma abordagem mais sistêmica de interpretação da realidade.

"O Mapa não é o Território".

Alfred Korzybski, polonês, engenheiro, cientista, matemático e filósofo conhecido por ter desenvolvido a teoria da Semântica Geral, afirmava que "a linguagem é um "mapa do mundo" que nos rodeia, ou seja, o nome de algo (por exemplo, cadeira) não é a coisa nomeada, apenas uma convenção linguística para designar um objeto".

A palavra "neve" no Brasil tem um simples significado. Neve = frio no Sul do Brasil e às vezes neva. A cor é branca. Mas as pessoas saem e podem brincar na neve e ela vai rapidamente embora.

No Alaska, ou em lugares que têm neve o ano inteiro, tem outro significado. Lá tem vários tons na neve, e dependendo da tonalidade do branco, a pessoa pode ou não andar naquele local. Pode ser ou não perigoso. Neve quer dizer ter que ficar em casa por meses sem sair... etc.

A palavra é a mesma – neve: mas com siginificados diferentes, por serem contextos diferentes.

Se mudamos a moldura, o contexto, mudamos o significado. Neve no Brasil. Neve no Alaska.

Ex: Torcer o pé é ruim se estiver sozinho, tendo que cozinhar, lavar, trabalhar e ainda repousar.

Mas torcer o pé e ficar sendo cuidado com carinho, sem precisar se levantar, ter alguém cozinhando, limpando, fazendo tudo o que você necessita e ainda tendo dispensa do trabalho... hummm... que bom. Assim ficou bem bom.

Por isso, o que é problema para um pode não ser para o outro. Depende da interpretação.

> "Mudando o significado, mudam também as respostas emocionais e o comportamento".

Ressignificação

– O que mais isso significa?

Ex: O que significa um "machado"?

– Um instrumento para cortar lenha.

Pergunta: - *O que mais pode significar?*

– Um machado pode ser uma trava para a porta. Uma arma de defesa. Um objeto de decoração... etc.

Ampliando o Mapa de Mundo.

– *Se X significa Y... O que mais ele pode significar?*

 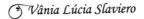 *Vânia Lúcia Slaviero*

Recontextualização

Gritar em uma galeria de arte pode ser visto como loucura.

Mas se a mesma pessoa gritar em um estádio de futebol será superaceito?

Comportamentos inadequedaos podem ser recontextualizados.

– X é ruim se for feito neste local.

Pergunta: *- Onde X poderia ser feito para ser aceito? Onde X é apropriado?*

Bom ou Ruim

– Escreva um comportamento seu que não seja adequado e faça este exercício.

O que é bom e o que é ruim? Certo ou errado?

Tudo depende do contexto.

Se uma pessoa tem uma "Ferrari" mas está paralisado em uma cama por anos, sem poder dirigir...

– Seria bom ou ruim? Seria útil?

A Ferrari seria um ornamento ou fonte de renda.

Se perguntassem a ele o que é melhor, ter a Ferrari ou a saúde de volta?

A resposta provavelmente seria: - Quero minha saúde de volta.

"O significado da sua comunicação é a resposta que você recebe".

"As pessoas sempre fazem a melhor escolha disponível para elas no momento, de acordo com seus valores".

PNL

Ressignificar saúde

Saúde é ausência de doença, ou presença de bem-estar?

Se a resposta é:

1. Saúde é ausência de doença!

– Então quer dizer que só sabemos o que é ter saúde quando adoecemos?

Não teremos tempo e nem o desejo de fazer prevenção. Então, a cura poderá ser limitada... o corpo já estará na pior.

Se a resposta é:

2. Saúde é presença de bem-estar!

Então assumo uma postura preventiva, fico atento às causas do que me desequilibrou.

Cada vez que saio do meu bem-estar... já "tomo" providências para me reequilibrar. Ex: – Escolhas de alimentos mais saudáveis, atividade física, bons relacionamentos, etc...

A pessoa organiza seus comportamentos no dia a dia, de acordo com os significados que ela dá para sua vida.

E aqui iniciamos a jornada de autodescoberta.

Alinhando a vida para o melhor!

> "Experiência não é o que acontece com um homem;
> é o que um homem faz com o que lhe acontece".
>
> Aldous Huxley

 Vânia Lúcia Slaviero

Autoanálise – Roda da Vida

Nesta vivência, poderá avaliar como está cada segmento da sua vida, para saber onde está e onde quer chegar. Na próxima página é abordado cada item para auxiliar na sua reflexão.

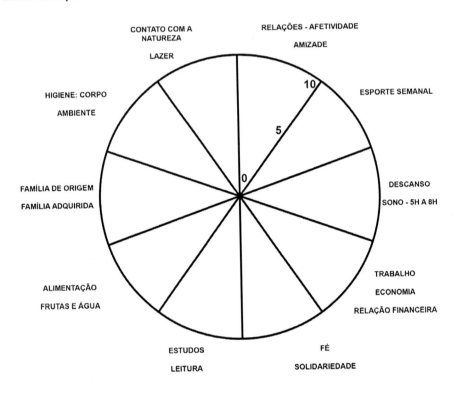

Para colorir, leia com atenção as orientações. Olhe para cada aspecto da roda e se pergunte: - Como estou em relação a este item?

Ex.: Se estou muito bem no "esporte", vou pintar toda fatia, do 0 até 10. Senão, pintarei de acordo com a pontuação que me dou.

0 no meio é nada; 1= fraco; 2, 3, 4, e 5 = mais ou menos; 6 ou 7 = bom; 8 = muito bom; 9 = ótimo; e 10 = excelente.

Não queira que esteja tudo 100% pintada, pois de acordo com o que estamos vivendo no momento atual, teremos mais atenção em uma ou em outra área. Não buscamos perfeição nesta roda, ela serve para sua autoanálise do Presente. Seja sincero consigo.

"O que preciso fazer para ter bem-estar Integral"?

1. Esporte: Pratique 3 vezes por semana a atividade física que lhe traga mais bem-estar. Caminhar ao ar livre é muito recomendado.

2. Descanso e Sono: Entre 5h e 8h de sono é muito bom à noite. Use relaxar, fazer a sesta ou meditar de 10 a 30 min. durante o dia.

3. Trabalho, Economia e Relação Financeira: Busque gostar do que faz ou aprenda a gostar. Se realize nem que seja voluntariamente. Seja prudente com o consumo, pensando também no planeta.

4. Fé e Solidariedade: Independente de religião. Praticar a fé, doação e compaixão com todos os seres. Re-aprender a religar-se com a Luz Divina.

5. Estudos e Leitura: Atividades mentais construtivas, leituras, meditação, foco e silêncio.

6. Alimentação: Equilibrada e o mais natural, com cereais, frutas, legumes e verduras. 8 copos de água por dia.

7. Família de Origem e/ou Família Adquirida: Maior escola - Cultivar o diálogo; perdoar e se perdoar; dar e receber amor; não julgar e nem culpar; ter paciência e compaixão.

8. Higiene: Escovar pele, dentes e língua. Cuidar do corpo e do ambiente.

9. Natureza e Lazer: Religar-se semanalmente, pois somos Natureza. O som e o aroma da Natureza curam.

10. Relações: Cultivar amizades saudáveis. Respeitar o outro e a si mesmo. Usar a fala assertiva, escuta empática e o amor incondicional.

Meditação Reflexiva

– O que está bom? O que preciso melhorar?

– O que posso fazer por mim para me sentir melhor?

– 3 coisas que faz e que se parasse de fazer daria um impacto positivo na sua vida?

– 3 coisas que não faz e que se começasse fazer daria um impacto positivo na sua vida?

"Goethe dizia não se envergonhar de mudar convicções, porque não se envergonhava de raciocinar."

A metáfora: sinal de alerta

José tem um Fusca bem bacana de 1966. Ele quer que o Fusca corra como uma Ferrari...

– Na BR, corro pisando ao máximo no acelerador.

No painel da frente do Fusquinha, acende uma luzinha vermelha cada vez que José acelera além dos limites.

A luzinha está mandando uma mensagem para ele, não é?

– Qual?

– "Ei, amigo, desacelere, senão o motor vai fundir".

José, impaciente, coloca um esparadrapo em cima da luzinha e continua acelerando...

Imagina o que aconteceu? A luz acendeu e ele não viu.

José foi inteligente ao fazer isso com seu Fusquinha? E com ele mesmo que está ali dentro? E com os outros ao redor?

Agora, José está na mão... sem carro... sem locomoção...

– Que prejuízo, hein?

O Corpo e Seus Sinais

Os sintomas corporais, até as dores, em geral, funcionam da mesma maneira. É uma forma de comunicação.

Se sentimos uma pontadinha de dor e imediatamente tomamos um analgésico... estamos fazendo a mesma coisa que colocar esparadrapo sobre a luzinha do carro.

Não vemos, não sentimos, não ouvimos o sinal de alerta. Uma... duas ou três vezes e o motor pode fundir.

É desconfortável sentir a dor, mas é através dela que "muitos" param para se auto perceber e dar a si mesmo o que é necessário.

O conjunto corpo/mente age de acordo com o nosso *feedback* a ele. É uma maneira sábia que nosso sistema encontrou de nos fazer parar... para melhorar.

> Ex.: Aprendi a sentir meu estômago. Quando vou comer determinado alimento e ele me manda um sinal de contração... já sei que não devo comê-lo. Vou em busca de outro alimento ou bebo água.
>
> Assim, me sinto bem melhor. Muitas vezes comemos com os olhos... por isso nos desequilibramos, não é?

Ex.: Você sabe o que acontece com uma criança que não sente dor?

Ela come os dedos. É a tal doença chamada "analgesia congênita". Nós não comemos os dedos quando crianças, porque doíam, mas tentamos comê-los. Olhando por este ponto, a dor nos salva de muitas coisas.

"Ou Aprendemos pelo Amor ou pela Dor".

Dito Popular

Vânia Lúcia Slaviero

Todo Comportamento tem uma Intenção Positiva

Tirar a luzinha do carro para um motorista imprudente é suicídio.

Às vezes, o freio da pessoa que bebe demais é a enxaqueca do dia seguinte.

Hábitos também trazem um ganho para a pessoa – senão ela não iria praticar.

Ex.: Esportes radicais trazem a adrenalina que faz com que a pessoa fique totalmente ligada física e emocionalmente. Podem viciar em adrenalina.

O fumante diz: - Eu sei que o cigarro faz mal, mas ao mesmo tempo ele me relaxa, me acalma. É um companheiro.

O médico, a família, os amigos aconselham a parar... mas ele não para. – Por quê?

O corpo habituou e ele ganha algo com este comportamento. Ou ganhou no passado e agora não consegue parar, pois tem a questão da química no sistema corporal.

Para ele mudar, não adianta conselhos.

Ele precisa substituir o hábito por algo que seja ainda melhor. O ganho precisa ser substituído, senão o comportamento não mudará.

Junto com o ganho vem uma crença. E as crenças são as justificativas que enganam a mente e sustentam o comportamento vicioso.

– Ah, meu avô fumou a vida toda e nem teve problemas. Morreu de velho.

Por isso, muitos param com o vício quando estão com uma doença séria, vendo a morte por perto. Ou quando acontece algo muito impactante, ou quando se apaixonam por alguém que diz:

– Você para com isso ou eu caio fora. E se há amor de verdade, o amor vence.

"Procure não se tapear. Você pode enganar a todos,

mas não a si mesmo".

A pior de todas as fraudes é se enganar. Seja seu próprio Mestre!

Muitos que tinham hábitos nocivos e diziam que aquilo os relaxava... quando aprenderam nos cursos a relaxar de verdade, naturalmente, abandonaram o vício sem nenhuma pressão.

Muitos depoimentos dizendo: - Parei com o cigarro. – Parei com as drogas. – Estou mais calmo. - Aprendi a me tranquilizar sozinho com a respiração, meditação e o esporte. Eu era um escravo, agora me libertei.

Reflexão:

– Quais hábitos nocivos ainda tenho? – Quais hábitos saudáveis tenho?
– O que posso fazer ou deixar de fazer para me sentir melhor?

Você sabia que Einstein, Leonardo da Vinci, Mozart, Gandhi, Thomas Edison e muitos outros sábios, paravam minutos durante o dia para silenciar? Relaxavam ou Meditavam.

"Penso noventa e nove vezes e nada descubro; mergulho em profundo silêncio – e eis que a verdade se me revela".
Einstein

Parar e silenciar a agitação externa e interna é fazer reequilibração. Diziam que quando descansavam e silenciavam durante o dia, ao despertar vinha uma intuição.

Já Ouviu Falar em Sesta?

Universidade de Harvard - Médicos Pesquisaram por 20 Anos.

Power Nap – sesta

A medicina diz que temos um jeito natural de reequilibração do corpo e mente enquanto o Sol está no céu. É o descanso após o almoço. O Sol recarrega baterias. À noite é diferente, pois no escuro a melatonina é produzida e o sono profundo acontece.

Pesquisas feitas na Universidade de Harvard foram levadas para a NASA.

Após a 6ª hora que alguém acorda, há um déficit nos reflexos em torno de 30%, podendo aumentar até 50% se a pessoa não descansar. Isto ocasiona erros e acidentes no trabalho, e pode até mesmo ser um gerador de doenças e estresse mental.

Normalmente, a 6ª hora acontece após o almoço. Outro fator que entra em ação é a digestão. Após consumir alimentos pesados, o fluxo sanguíneo precisa ir para o estômago, para digerir o alimento. Isto gera sonolência, contribuindo para a soneca.

Quem não respeita este momento poderá ter problemas no estômago e outros órgãos. É natural a todo ser vivo, após as refeições mais pesadas, sentir sonolência e precisar descansar alguns minutos.

Sesta ou siesta: É o tão famoso e antigo descanso após o almoço. Meus pais e tios, sempre fizeram. Eu aprendi desde cedo.

Sugestão médica: Cochilar, descansar ou meditar para recuperar os reflexos, concentração, memória, serenidade e a saúde. 15 a 40 minutos é o suficiente para descansar e se reabastecer de boas energias.

Quem sabe descansar tem mais paciência e vitalidade. Nesta prática da pausa durante o dia, muitos destes gênios recebiam seus *insights*.

Minha sesta pode ter apenas 5 minutos. O fato de ter o hábito instalado na mente é suficiente para mergulhar na Fonte e voltar refeita. O dia segue com outra disposição. Os profissionais que aprenderam a fazer, diziam que iriam perder tempo e que não seria bom, pois iriam querer dormir 8 horas.

Desafiei a prática por 1 mês e hoje comentam: - Uau, sinto-me renovado, 15 minutos de descanso faz milagres em meu dia. Fico mais criativo e calmo.

Alguns lugares preferiram adotar durante o dia a meditação, que também é fantástica, e causa excelentes resultados de saúde integral.

De Bem Com a Vida

Power Nap: Cantinho do Descanso

A Escola de Medicina da Universidade de Atenas constatou que a sesta ajuda a combater o risco de doenças cardíacas.

Pode descansar em qualquer lugar, sentado ou deitado. Se tiver problemas de estômago poderá fazer recostado, para não forçar o diafragma.

"Quando fazemos a sesta, o dia fica mais leve. Melhora a disposição."

Neurocirurgião Valter da Costa.

1. Efeito positivo da sesta é o relaxamento: diminui o estresse.

2. Todo o processamento da memória se faz durante o sono. Por isso, a sesta melhora a memória.

3. Mais paciência e tolerância.

4. Evita problemas digestivos, glandulares e obesidade.

5. Rejuvenesce.

Regras para a sesta:

Duração de 10 a 40 minutos.

Não pode durar mais do que isso para evitarmos a inércia do sono.

Para a mente se habituar é necessário dar comandos mentais. Isto é neuroaprendizagem.

> Ex.: – "Vou descansar por 15 minutos e será o suficiente. Voltarei disposto e animado". Imagine um relógio na altura de sua testa, (tela mental), com o horário que quer retornar – assim aprenderá a reprogramar a mente e ela se habituará. Sua mente faz o que você programa.

Descansar Sem Culpa

Vânia Lúcia Slaviero

Dialogando com os Sintomas: Corpo/Mente

São fantásticos os efeitos desta vivência. Experimente esta prática.

Quando sentir uma sensação (dor ou qualquer sintoma) diferente do costumeiro bem-estar, sugiro fazer uma "escuta interior".

Pare tudo. Dê-se um tempinho... Sente-se confortavelmente (não importa em qual posição) e observe qualquer sensação, sinal ou sintoma em você.

Preste atenção! Observe esta sensação, seja ela qual for: dor, tensão, ...

Faça de conta que você pode dialogar com a parte que está lhe chamando a atenção, mandando este sinal de alerta. Busque captar a primeira resposta interior.

– Parte, o que você está querendo me enviar de mensagem com este sinal? Com esta sensação?

– Que comportamento tive que prejudiquei meu bem-estar?

– O que posso fazer por mim, para recuperar o bem-estar?

Considere a primeira resposta que vier.

Imagine-se fazendo para si mesmo o que a sua Sabedoria Interior sugeriu: como ficará sua saúde, a sua vida?

Se for uma boa sugestão, pratique! Entre em ação!

Se não conseguiu captar uma mensagem, repita com mais atenção.

"Todos tem dentro de si os recursos de que necessita".

PNL

Ao captar a mensagem, os sintomas começam a aliviar.

Pode até tomar um remédio, se ainda for necessário, mas com certeza aliviará muito. Isto não substitui a ajuda de um profissional qualificado, mas fará de você uma pessoa muito mais saudável e menos dependente de algo externo.

Ressignifique: muitos sintomas querem somente nos chamar a atenção. Se damos atenção correta, aquilo desaparece. Assim como uma criança que pede a atenção dos adultos.

Aprendi, aos 17 anos, a meditar e refletir com minha Mestra de Yoga Monserrat:

– O que mais meus sintomas e sensações querem dizer?

– Qual a mensagem?

– O que ainda não estou considerando?

– O que posso fazer para melhorar?

Comunicação Assertiva

Palavras que fazem a diferença

A neurolinguística tem assumido um lugar de muita importância em todas as áreas da vida, pois nossa mente também é programada através das palavras pensadas ou faladas. Quando mudamos a linguística mudamos a frequência vibracional interior. E isto reflete nas relações.

Mas...

Qual a sensação que dá ao ler estas frases?

– O dia está bonito, mas tem um vento frio lá fora.

– Estes conhecimentos são muito úteis, mas são difíceis.

– Aquela menina é bonita, mas se veste de um jeito esquisito.

E estas?

– Tem um vento frio lá fora, mas o dia está bonito.

– Estes conhecimentos são difíceis, mas são muito úteis.

– Aquela menina se veste de um jeito esquisito, mas é bonita.

Quais as sensações que dão estas frases, comparadas às anteriores?

Você sabia que tudo o que vem antes do "mas" é cancelado e só fica valendo o que vem depois dele?

 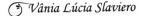 *Vânia Lúcia Slaviero*

X... Mas... Y

Observe a quantidade de "mas" que as pessoas usam e que você usa.

Quantas vezes negamos nossas próprias afirmações? Cancelamos?

– Quero viajar no feriado, mas tenho muito trabalho.

Deste jeito não vai viajar. A energia que era para criar a viagem fica bloqueada.

Comece a inverter a ordem do mas nas suas frases.

– Tenho muito trabalho, **mas** vou viajar no feriado.

Atenção!

Nas frases negativas, busque colocar o "mas" em seguida, e acrescente uma afirmação útil para você.

– Estou triste, mas já estou melhorando.

– Não tenho sorte com o amor, mas agora estou mais preparado a atrair a pessoa certa para mim.

– Não confiava na minha intuição, mas estou aprendendo a me sintonizar melhor comigo.

Colegas do mas: porém, contudo, todavia, entretanto, só que... têm o mesmo efeito.

Letra - E - poderosa

Quando você quer UNIR ideias, utilize a letra "E".

– Está frio E o dia está bonito.

– Aquela menina se veste de um jeito esquisito E é bonita.

Dica importante: Nas reuniões de trabalho, para evitar discussões, use mais o "E" em vez de: mas, porém, contudo, todavia.

Estou conseguindo

Fale das mudanças desejadas para o futuro, utilizando o tempo do verbo em processo.

Ex.: – *Eu vou conseguir. Eu vou alcançar!*

Troque por: – *Estou conseguindo. Estou alcançando.*

Vou é futuro. Futuro nunca chega. Utilizando o verbo em processo, faz com que na mente aconteça, desde o presente, uma ação assertiva que vai na direção do futuro. Faz um elo do presente com o futuro.

Ainda

Ex.: - *Não aprendi esta fórmula.*

Troque por: - *Não aprendi esta fórmula, ainda.*

– *Não tenho um carro.*

Troque por: - *Não tenho um carro, ainda.*

Sugere que não tem neste momento, mas terá. É só uma questão de tempo.

Tentar... Fazer

– Vou tentar ler este material. (Evoca que não fará).

Troque por: Fazer.

– *Eu experimento fazer...*

– *Eu vou fazer... - Eu faço...*

Experimentar e Fazer incluem ação. É muito mais proativo.

É Difícil... É Impossível

Ex.: - *É impossível aprender isto, Vânia.*

A palavra Impossível bloqueia a mente enfraquecendo a ação necessária.

Troque por: - *É desafiante aprender isto.*

Como nossa mente gosta de novidades e desafios, estaremos sendo estimulados a aprender.

– É impossível, nem tente!

Troque por: *- Sei que é complexo, mas é possível.*

Gostaria - Queria

– Eu queria melhorar...

– Eu queria aprender...

– Eu gostaria de viajar mais...

A mente registra: Está no passado, não quer mais. Não gosta mais.

Deixar a ação no passado, enfraquece a proatividade.

Troque por: *- Eu quero! Eu gosto!*

Tenho... Posso... Quero

Cada palavra pensada, falada, tem um efeito em nossa química interior. Adivinhe como é a postura corporal de Lili?

Ela vive dizendo:

– Eu tenho que trabalhar.

– Eu tenho que economizar.

– Eu tenho que encontrar alguém para me casar.

– Como se sente Lili? Qual a postura corporal dela? Tom de voz?

Babi, quando conversa, fala:

– Eu posso trabalhar.

– Eu posso economizar.

– Eu posso encontrar alguém para me casar.

– Como se sente Babi? Qual a postura corporal e tom de voz dela?

De Bem Com a Vida

E Nice, diz:

– Eu quero trabalhar.

– Eu quero economizar.

– Eu quero encontrar alguém para me casar.

– Qual a postura corporal dela? Tom de voz?

Diferença entre as 3:

1. Eu tenho que = Obrigação = Estágio da infância.

- Você tem que escovar os dentes, senão terá cáries.

2. Eu posso = Poder de escolhas: Estágio da Adolescência.

- Eu posso fazer este curso ou aquele.

3. Eu Quero: Sei o que quero. Estágio do Adulto.

- Eu quero estudar inglês. Eu quero caminhar 3 vezes por semana, porque me faz bem.

TENHO = obrigação

POSSO = possibilidade de escolhas

QUERO = ação e proatividade

Faça testes com sua linguística e perceba como se sente. Utilize palavras que lhe sejam mais saudáveis e úteis.

*"Mais importante do que ser certo ou errado,
é ser construtivamente útil".*

 *Vânia Lúcia Slaviero*

"Estamos nos movendo, agora, para uma Era onde a última fronteira não é o espaço, mas a mente."
Físico Fred Alan Wolf

Crenças

"A ciência prova que o besouro NÃO TEM linhas aerodinâmicas para voar, MAS o besouro VOA".

Ele não sabe destas leis... ainda bem.

Pois as crenças fragilizantes podem impedir a ação ousada.

"Se você pensa que pode ou se pensa que não pode, de qualquer forma você está certo".
Henry Ford

Comportamentos e Crenças

– Gritar em público (certo ou errado)?

– Homem não pode chorar (certo ou errado)?

– Mulher viajar sozinha é perigoso (certo ou errado)?

– Mulheres ao volante são barbeiras. (certo ou errado)?

– Certo ou errado para quem?

– De acordo com que cultura? Em que contexto?

– Quem disse? Quando disse? Para quem disse?

Aquilo que se repete em nossas vidas tende a se tornar crenças.

Pensamos: - Foi assim e será novamente.

Pela simples repetição. Se chove 3 vezes no dia do aniversário, a pessoa já começa a generalizar: - No meu aniversário sempre chove. Nem adianta marcar o piquenique, porque vai chover.

E isto se torna uma crença. Ficamos esperando o fato acontecer – predispomos nossa mente para isto e buscamos justificar.

– Como se originam as crenças?

Elas surgem da educação familiar, da cultura, da educação escolar, do exemplo que recebemos, das nossas próprias experiências de vida, da religião e do meio em que vivemos. Com o passar do tempo, buscamos acontecimentos que confirmem as nossas crenças. As crenças se tornam vícios emocionais positivos ou negativos.

As crenças são classificadas de duas maneiras:

1. Crenças limitantes: Fragilizantes - bloqueadoras e inflexíveis.

2. Crenças edificantes: Fortalecedoras - cheias de recursos.

Exemplos:

Eu acredito que não posso. Eu acredito que posso.

Eu acredito que não sei. Eu acredito que sei.

Eu acredito que não sou. Eu acredito que sou.

Einstein não falou antes dos quatro anos de idade. Não sabia ver as horas, nem falar corretamente. Acreditavam que ele era "mentalmente lento".

Einstein é respeitado como um dos grandes gênios da história e a mente mais brilhante, ainda hoje.

Thomas Edison, inventor da lâmpada, tinha tudo para desistir, por ter tentado mais de mil vezes, sem conseguir. Mas suas crenças o mantiveram firme. Frases dele:

"Eu não falhei. Apenas descobri 10 mil maneiras que não funcionam".

Vânia Lúcia Slaviero

"Muitas das falhas da vida acontecem quando as pessoas não percebem o quão perto estão quando desistem".

"Talento é 1% inspiração e 99% transpiração".

"Nossa maior fraqueza está em desistir".

"O caminho mais certo de vencer é tentar mais uma vez".

Somos aquilo que acreditamos ser, ou que permitimos que acreditem por nós e somos coniventes.

Aquilo que falamos, pensamos ou fazemos ecoa tão forte que somos profetas do nosso futuro, arquitetos do nosso próprio destino, e nossas crenças são determinantes.

– O que eu posso fazer e que não imagino ser possível?

Se não estou contente comigo e quero mudar algo, primeiro devo revisitar minhas crenças a este respeito. Vivencie suas crenças corporais e emocionais com consciência.

Crenças Pessoais: Pesquisa Corporal e Emocional

Vivência: Parte 1

Cite 5 crenças (ou mais) fortalecedoras a respeito de seu corpo e emoções.

Ex.: Acredito que sou forte. Que sou alegre, etc.

1. _____
2. _____
3. _____
4. _____
5. _____

Cite 5 crenças fragilizantes a respeito de seu corpo e emoções.

Ex.: Acredito que sou descoordenada. Não sei respirar, sou ansiosa, etc.

1. _____

2. _____

3. _____

4. _____

5. _____

Responda: – O que cada uma dessas crenças fragilizantes quer me ensinar? Qual a mensagem? Quando começou?

Atendi uma moça de 25 anos, lindíssima, inteligente, MAS ela se achava horrível. Até então, nunca tinha conseguido namorar.

Fazendo os atendimentos descobrimos que ela se comparava à sua irmã mais nova, que em casa seus pais elogiavam muito mais. Sem perceber, criou a crença de que ela era o "patinho feio". Quando limpamos e mudamos as crenças, usando tudo o que você vai aprender aqui, ela se libertou. Em poucos meses estava namorando e se diplomou na universidade com honra.

Você já deve ter visto a seguinte realidade: - Há várias pessoas que são esteticamente feias (pelos padrões de beleza estabelecidos pela sociedade) e elas namoram e se casam com pessoas esteticamente bonitas e o contrário também acontece e dá supercerto.

– Por que isso acontece?

Às vezes, a pessoa (feia esteticamente) gosta de si mesma, curte-se e tem crenças fortalecedoras ao seu próprio respeito... e ela se faz bonita.

Às vezes, pessoas bonitas (esteticamente), sentem-se horríveis e suas crenças são fragilizantes, negativas a respeito de si mesmas. Então, ou ficarão sozinhas ou atrairão pessoas sem graça (elas se fazem feias).

Tem pessoas de 30 anos que acreditam que são velhas e se comportam como velhas. E muitas pessoas de 70, 80 anos têm a idade interior de 25 anos, tornando-se mais joviais. Elas dizem: – Eu acredito que sou jovem.

As crenças e pensamentos influenciam a postura corporal, a bioquímica e a produção hormonal.

Passo 1: Comece mudando a "forma pensamento", usando a linguística assertiva, para que seus programas mentais mudem a frequência vibracional.

Transforme as crenças fragilizantes em ressignificações mais criativas e positivas para você.

Ex.: – Eu não sabia pensar, MAS com este livro já estou aprendendo e mudando para melhor.

Quando mudamos as palavras, mudamos as sensações e a bioquímica do corpo começa a melhorar. Crie as afirmações no Presente e Positivamente.

Faça experiências no seu dia a dia. Observe-se. Mude seus padrões de pensamento e perceba o resultado em seu corpo.

Tem pensamentos viróticos que puxam a mente para baixo e começam a atrair vibrações ruins, e quando a pessoa percebe já está de mau humor. Passe o antivírus em tempo.

Atenção: " Orai e vigiai" como dizia Jesus.

Ore, mas vigie também seus pensamentos. Esta é a "lei da atração".

Vivência: Parte 2

– Pegue suas crenças fragilizantes. Analise-as por meio destas perguntas:

– De onde elas vêm?

– Quando começaram?

– São úteis ainda?

– O que posso mudar para melhorar?

Vivência: Parte 3

– Para cada crença anotada, aprofunde com estas perguntas:

1. O que acredito é verdade?
2. Tenho absoluta certeza?
3. Como reajo quando penso que ela é verdade?
5. Como seria se não tivesse essa crença?
6. O que posso fazer para melhorar minha vida?

Inspirado no livro do Dr. Bruce Lipton – "Biologia da Crença"

"É mais fácil desintegrar um átomo do que um preconceito."
Einstein

O Segundo Olhar

– O que você está vendo nesta imagem?

– Uma velha ou uma moça? Ou as duas?

Esta imagem foi encontrada em um cartão postal alemão, de 1888.

Tudo depende do ponto de vista.

As duas existem ao mesmo tempo nesta imagem – a velha e a moça.

De acordo com nosso estado interior, vemos uma realidade ou outra. São apenas "pontos de vista" diferentes. Ambos estão certos.

> "O Universo físico não existe independentemente do pensamento dos participantes. O que denominamos realidade é construído pela mente. O mundo não é o mesmo sem você.
>
> Através do pensamento podemos fazer tudo. O pensamento viaja mais depressa que a luz.
>
> Nós influenciamos nosso futuro e nosso passado diretamente com o pensamento. O homem é o que ele pensa".
>
> Livro: "Espaço -Tempo e Além" dos Físicos Bob Toben e Fred Alan Wolf

O que em sua vida necessita de um segundo olhar, de um ponto de vista diferente?

Como seria ampliar o "mapa de mundo", tendo uma visão mais sistêmica sobre si mesmo(a) e sobre a vida?

Vivência

Acomode-se confortavelmente no final do dia...

Respire calmaMente...

Relaxe cada parte do corpo...

Imagine uma tela de cinema à sua frente... um pouco acima da linha dos olhos... do tamanho que quiser... (olhos fechados ou abertos).

E nesta tela "mental", reveja o seu dia de hoje, desde o momento em que acordou.

Quando chegar ao primeiro momento... fique um tempo em silêncio observando...

– O que estava sentindo ao acordar? O que estava pensando?

– Recordei meus sonhos?

– Com que filtros e intenções levantei hoje?

– Que roupa escolhi para usar?

– Fiz minha higiene? De que jeito?

Estes aspectos geraram comportamentos em mim logo cedo.

– Quais foram meus comportamentos?

– Como estava minha Postura Corporal?

– E meu ritmo: lento, rápido, agitado, calmo?

– Com quem falei e como falei? Tom de voz...

Desta posição de observador, analise o final do dia:

– Atingi os objetivos que eu queria para hoje?

– Se eu pudesse reviver este dia... o que faria de diferente para melhorar?

– O que deixaria de fazer?

– Com que intenções seria ideal eu dormir hoje, para que o meu sistema possa ir se preparando melhor para o dia de amanhã?

– Como eu gostaria de acordar amanhã?

– Amanhã, o que posso fazer para reparar as pendências de hoje?

Ex.: Ligar para alguém, desculpar-se, oferecer ajuda a beltrano, dar um tempo maior para alguém, escrever, fazer uma caminhada, relaxar, agradecer mais, orar, meditar, etc.

Cultive o hábito de fazer esta autoavaliação diariamente.

Santo Agostinho era mestre nisso, e vários gênios da humanidade tinham e têm também este hábito e é fabuloso o resultado.

"Faça a sua parte bem-feita... e o restante lhe será acrescentado".

Frase Bíblica

Vânia Lúcia Slaviero

Vencendo Crenças: Meu Pai e Eu

Nasci numa família que não conhecia o poder do toque - do carinho.

Família de descendência italiana, mulheres e homens muito trabalhadores. Acreditavam que tendo comida, casa e estudos era o suficiente. Afetividade e carinho eram frescuras dispensáveis.

Através dos ensinamentos e aprendizados espirituais e emocionais, desde 1981, ouvi falar a respeito do poder do contato saudável, da afetividade e do quanto estávamos distantes das pessoas, o quanto andávamos armados, protegendo-nos de tudo e todos, até mesmo de quem gostávamos.

Foi quando li o livro de Ashley Montagu – "Tocar, o Significado Humano da Pele" – que me tocou profundamente.

A real importância do contato e do afeto. A leitura me emocionava e refletia em minha alma. Amarmos mais em vez de nos armarmos. Sermos mais amigos, do que indiferentes.

E resolvi lançar um desafio: ensinar o toque, o carinho para com meus pais e irmãos. Confesso que foi uma das etapas mais difíceis por que passei, pois me sentia impotente, incapaz de dissolver aquele gelo todo.

Levei mais de um ano apenas tocando a minha mão suada de medo, no ombro do meu pai, e ele me olhava estranho, dizendo que não tinha dinheiro. Ensaiava dar um abraço em minha mãe...

Suava frio... com taquicardia e tudo, mas sabia que era uma questão de tempo e persistência. Sabia que os efeitos seriam excelentes se eu me respeitasse e os respeitasse neste processo de "con-tato".

Depois de dois anos de investimento, para a nossa felicidade, hoje andamos de mãos dadas e nos abraçamos demoradamente, trocamos massagens, cafunés, sou como gato querendo colo quentinho e gostoso. Transformamos as barreiras em momentos de descontração e alegria. Percebo que este novo comportamento nos uniu mais, pois vencemos até a barreira das palavras, conversando sobre dificuldades e alegrias da vida.

O toque desmancha tensões. Meu pai sentia dores nas costas e dizia estar com problema na coluna, de tanta dor. E através da minha massagem caseira, ele melhorou. Gostei tanto que fui fazer curso de massagem.

*Experimente.

– Vale a pena o investimento... a coragem!

O toque é uma das formas de se expressar o Amor!

"O amor é a maior força que pode existir em um ser humano."

> O amor é muito mais do que conhecemos. O amor está no olhar de uma criança, na flor, no passarinho cantando, no Sol que está nascendo, na Lua que está adormecendo...
>
> Está na voz das pessoas, na música do ar, no ar que respiro, na expressão de cada ser humano...
>
> O amor está no dinheiro que toco, desejando que ele leve felicidade para quem o pegar... E está no trabalho diário que faz eu me realizar ... **Deus é Amor.**

"As pessoas só sabem dar o que elas receberam".

Portanto, não condene... ensine!

"A imaginação é mais poderosa que o conhecimento".
"Tudo o que existe no mundo material... foi antes imaginado".

Einstein

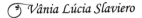

Forma Pensamento

Denis Waitley, doutor em Psicologia Comportamental, aplicou um treinamento de visualização mental no Programa Apolo, na NASA, nos astronautas e atletas olímpicos, e relatou em seu livro *best-seller* "Impérios da Mente".

– "Conectamos sofisticados aparelhos de bioavaliação aos atletas e lhes pedimos que "corressem mentalmente". Os mesmos músculos incendiaram-se na mesma sucessão".

"A mente não distingue quando um evento é real ou não".

"A Mente não distingue real do imaginário".

A PNI - Psiconeuroimunologia, a PNL e a Neurociência, tem ajudado também hospitais a estimularem a mente dos "pacientes", para que eles se ajudem no restabelecimento da cura, usando um pensamento mais assertivo.

Hoje a mente é ativada por meio da ImaginAção. A mente atuando sobre o corpo com informações orientadas a objetivos. Fisioterapeutas, médicos, enfermeiras, psicólogos e toda gama de profissionais nesta área, usam a imagética como um recurso valioso.

"O Homem é o que ele pensa".

Budha

Vivência

Faça de conta que você está comigo na fazenda onde estou...

O pôr do sol é esplendoroso, refletindo seu dourado nas ondas calmas do mar...

Caminhando entre um coqueiro e outro, ao lado de frondosas mangueiras carregadas, encontro um pé de limão, com limões bem cheirosos e azedinhos. A árvore está repleta.

Com a mão esquerda, escolho o limão mais suculento...

– Hummm... Pela maciez está suculento mesmo...

Abro o limão com uma faca que ali está, e me lambuzo com o suco que escorre nas minhas mãos...

Enquanto sinto o cheiro, minha boca se enche de água e faço uma careta... hummm... está bem cítrico... deve estar soboroso...

À medida que aproximo mais o limão do meu nariz... o cheiro azedinho aumenta... e levada por um impulso... chupo o limão suculento. Hummm... está muito azedooooo...

Minha boca enche mais ainda de água... estou salivando...

– O que aconteceu ao me acompanhar?

– Deu água na sua boca? Salivou?

– Ou fez careta?

Meus alunos dizem na hora: – Me deu água na boca. Alguns sentem até o cheiro do limão.

E eu afirmo: – Ora, ora, ora... onde está o limão? Só na imaginAção...

Sua mente acreditou que havia um limão real aqui e agora.

Com o comando linguístico, a mente criou um limão imaginário, fazendo o sistema corpo/mente gerar uma química interna (saliva), secretando hormônios, etc.

Médicos afirmam: "Se deu água na boca e você for levado para um laboratório neste momento para fazer uma endoscopia, seu estômago acusará secreção de suco gástrico para digerir este limão, que a sua mente "acreditou" estar ingerindo".

Isto é muito poderoso. Podemos fazer fantásticas criações dentro de nós mesmos.

Podemos criar mal-estar, irritação, desconfortos, doenças, de tanto assistir ou pensar em coisas ruins... mas também podemos criar bem-estar...

– Como usa sua Forma Pensamento?

Reflexão: Forma Pensamento

– Quais são as qualidades dos seus pensamentos? Destrutivos ou Construtivos?

– Você tem consciência de quais são os pensamentos em que você mais investe energia no dia a dia? Quais são?

– Você quer que seus pensamentos, que estão sendo pensados ao longo destes dias se tornem realidade?

> 5 minutos lembrando quem nos magoou baixam a imunidade por 6 horas.
>
> 5 minutos de harmonia e paz mental elevam a imunidade por 6 horas.

"Há pessoas que acham que ser pessimista é ser realista."

– Sabia que tem pessoas que vivem falando de doença e acabam achando que têm todas elas? Outros vivem um caos nas relações, por terem na mente esse tipo de frequência.

Normalmente, podemos ter pensamentos negativos, pois eles passam por nós, e está tudo certo. O prejudicial é quando só vivemos na negatividade, acreditando que o mundo é assim.

Lei da atração. Já ouviu falar?

"O que mais temo é o que mais atraio".

I Ching

Por que? – Porque fico vibrando nesta frequência, consciente ou inconscientemente.

Se reconhece, em si mesmo, um padrão de Forma Pensamento fragilizante – negativo, faça estas perguntas.

De Bem Com a Vida

Perguntas Poderosas

– Que padrão me mantém nesta situação?

– Que crenças e pensamentos trago em mim que sustentam isso?

– Todas as pessoas que conheço pensam como eu?

Se a resposta for "não", então podemos modelar:

– O que as pessoas fazem interiormente, quais são as formas de pensar delas que fazem com que atraiam outra realidade?

– O que posso fazer para me modificar?

"O único fato constante na vida é a Trans...FormAção".

Filtros

Conheci Pedro, um rapaz bonito mas muito mal-humorado, sempre com a cara fechada. Ele me disse que as pessoas do trabalho dele são muito chatas e que ainda não encontrou um lugar em que se dê bem. Perguntei como ele acorda e vai para a empresa. E é mais ou menos assim:

Pedro sai de casa com este padrão que se repete por hábito. Ele acha o mundo ruim, o trabalho chato, as pessoas do trabalho mal-humoradas e que não tem solução.

– Isso o afeta como?

– Como fica a postura corporal? O olhar e os gestos dele?

Pedro entra na empresa com a cara fechada e olha para as pessoas e diz (se disser):

– Bom dia!

– Com que tom de voz?

– Qual será a reação das pessoas?

Provavelmente, a expressão de Pedro não é das melhores para que os outros venham com simpatia para o lado dele.

Então, Pedro pensa: - "Viu só como é mais um dia chato, todos mal-humorados? Olha como me tratam".

Atenção aos Filtros – Intenção em Ação

E conheço a Simone, que tem muitos problemas na vida, mas sempre chega ao trabalho com um sorriso, ou pelo menos com um ar de serenidade.

Ela nem precisa dizer bom dia, pois seu rosto transmite algo bom... e as pessoas gostam de cumprimentá-la. Seja com um sorriso ou um abraço.

Curioso, não é?

Ela diz: – Tenho meus problemas. Para que transmiti-los aos outros também? Transmito somente a quem pode me ajudar.

São duas situações semelhantes, porém, com "Intenções" - "Filtros" – diferentes. Por isso as reações também serão diferentes.

A maioria das pessoas não tem consciência das suas intenções diárias.

"Por que vês tu o cisco no olho do teu irmão e não percebes a trave que há no teu próprio olho?"

Bíblia

Você tem consciência de quais são as Intenções (filtros) que movem os seus comportamentos?

O Mundo Externo Reflete Nosso Mundo Interior

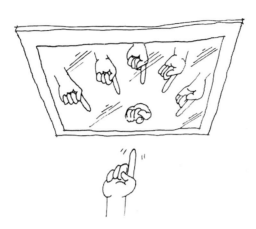

*"Cuidado ao apontar o dedo para alguém.
Perceba que os seus outros dedos estão apontando para você".*

Alguns me perguntam: - Quando estou bem-humorado, de "Bem com a Vida", nem sempre as pessoas me respondem gentilmente.

Respondo: - Se tem consciência de que foi simpático e o outro foi antipático, pelo menos sabe que não é você o causador desta antipatia.

– Você fez sua parte bem-feita? Foi gentil? O que fazer nesta situação?

1. – Afastar-se e deixá-lo com suas questões, afinal, todos as temos.

2. – Voltar a conversar quando ele estiver melhor...

3. – Oferecer ajuda. Neste caso, ele poderá ou não querer ajuda.

Então diga: – Saiba que você pode contar comigo. Quando quiser, pode me procurar.

4. – Deixe a pessoa sozinha se ela preferir. O silêncio é um ótimo conselheiro.

"Solitude é diferente de solidão. Solitude é sabedoria."

Ter consciência dos filtros, das intenções, não quer dizer que você vai ser sempre bonzinho, sorrindo e dizendo palavras doces.

Posso dizer NÃO, posso colocar meu ponto de vista, posso me expressar como achar melhor... Só que com mais CONSCIÊNCIA.

"Quando tenho consciência não culpo nada e ninguém.
Saio da vitimização".

Propósito - Ética e Liderança

Exercício que busca mostrar a direção de sua missão.

1. Anote 10 qualidades suas.

2. Anote 10 coisas que você faz e que beneficiam de alguma forma alguém:

3. Pense 1 minuto em como está o mundo atual.

4. Anote 10 qualidades do "mundo ideal" para você:

Destaque os 3 itens mais importantes para você nas perguntas: 1 - 2 - 4.

Preencha esta frase com estes itens.

– Meu propósito de vida é expressar e aplicar (3 itens da anotação 1), através de (3 itens da anotação 2), para co-criar um mundo cada vez mais (3 itens da anotação 4).

Leia a frase completa 3 x em voz alta e observe sua sensação. Em que parte de seu corpo ela faz ressonância?

Desenhe ou faça uma colagem deste propósito e coloque onde possa olhar. Ele é o retrato de sua missão neste momento.

Distanciando-se destes valores essenciais, pode-se adoecer. Mantenha-se integro com sua essência e sua missão se realizará.

Inspirado em Oscar Motomura

"Uma das origens óbvias do desacordo entre os humanos é o uso de ruídos em lugar das palavras".

Alfred Korzybski

Squash Visual

Resolução e IntegrAção de Conflitos

O Squash Visual é uma técnica da PNL que foi criada por Richard Bandler e John Grinder na década de 1970. O propósito da técnica é integrar partes conflitantes. Desde então, ela se desenvolveu e evoluiu de inúmeras maneiras para incluir a exploração da intenção positiva de cada parte, usando a segmentação para cima, a negociação entre as partes, bem como a ressignificação. Essa técnica é integração de partes. A noção de "partes" originou-se dos trabalhos da terapeuta familiar Virginia Satir e do fundador da terapia Gestalt, Fritz Perls.

Muitas vezes, estamos entre duas opções ao mesmo tempo, gerando confusão interior. Lembre-se: a luta interna distancia o autoequilíbrio.

Muitas vezes, optamos pelo tradicional, pelo que a sociedade chama de normal, ou pelos nossos hábitos... sem realmente SENTIRMOS qual o melhor para nós.

Conflitos internos, se não forem resolvidos em tempo, podem ser estressantes.

Vamos olhar para os conflitos e dúvidas interiores.

– Você tem algum conflito ou situação de dúvida neste momento?

Exemplos:

Comer pão branco ou pão integral?

Trabalhar neste ou naquele lugar?

Fazer caridade 1 hora ou por 4 horas semanais?

– Você se encontra entre duas opções e não sabe qual escolher?

Vamos buscar "clarear" esta situação.

Vivência: Estágio 1 - Básico

– Qual é a dúvida?

Escolha, simbolicamente, em qual das mãos você colocará a opção 1, e na outra coloque a opção 2.

Faça de conta que você pode dialogar com cada uma das opções separadamente.

1. Perguntando para a opção da mão direita:

– O que você poderá me trazer de bom?

– E de ruim?

– Se eu optar por você, como me sentirei?

Escreva as primeiras respostas que vierem à mente, sem julgar se é certo ou errado.

2. Olhe para a mão esquerda - para a outra opção - e pergunte:

– O que você poderá me trazer de bom?

– E de ruim?

– Se eu optar por você, como me sentirei?

Escreva as primeiras respostas.

3. Coloque a opção da mão direita em contato com o coração. Fique em silêncio... sem julgamentos.

– O que sente ao pensar em escolher esta opção?

– É agradável ou desagradável?

– Existe alguma parte dentro de você que faça alguma objeção? Qual?

4. Pergunte a esta parte: - Qual a sua mensagem para mim com esta objeção?

Relaxe a mão.

5. Coloque a opção da mão esquerda em contato com o coração. Fique em silêncio... sem julgamentos.

– O que sente ao pensar em escolher esta opção? É agradável ou desagradável?

6. Existe alguma parte dentro de você que faça alguma objeção? Qual?

Pergunte a esta parte: - Qual a sua mensagem para mim com esta objeção?

Relaxe a mão.

Fique atento(a) às sensações do coração e da mente.

7. Qual das duas é mais importante para você neste momento?

Analise as respostas e faça a sua escolha.

– Conseguiu optar por uma delas?

Se sim, imagine-se no futuro vivendo esta escolha com seus resultados construtivos.

Depois retorne para o Presente e diga: - Está feito!

Agradeça!

Atenção: Se ainda não se decidiu, faça o Estágio 2 - Avançado.

Estágio 2 - Avançado

Se ainda estiver em dúvida, use o seguinte procedimento:

Devagar, vire uma mão para a outra, e deixe as duas se observarem. Como se estivessem conhecendo-se mais.

Preste atenção em você, enquanto isso acontece.

Olhe para uma das mãos e pergunte: - Qual a sua intenção positiva para mim com este comportamento? E acolha a primeira resposta que vier. Agradeça.

Olhe para a outra mão e faça a mesma pergunta. E agradeça.

Agora as duas partes podem começar a se unir, encontrando criativamente uma terceira opção de comportamento, que preserve as intenções positivas.

Enquanto respira e relaxa, vá aproximando as mãos, unindo-as de uma forma criativa e construtiva. Observe se existe alguma objeção a esta união. Se houver, considere a intenção positiva dela também.

Quando estiverem juntas, sem objeção, vá trazendo as mãos para o peito, permitindo que se integrem com sabedoria.

E você perceberá que no dia a dia esta questão ficará cada vez mais organizada e clara.

Relaxe... respire livremente.

Pense nesta situação... projetando-a no futuro como um filme...

– Qual o primeiro passo a dar?

– O que surge, qual a sensação? (Pausa) Permita uma frase ou uma imagem para representar este momento.

Você pode ter consciência ou não desta integração. Está tudo certo.

A integração ou um novo caminho de maior harmonia já está sendo estabelecido dentro de você e os resultados surgirão nos próximos dias.

Agradeça. Escreva ou desenhe a metáfora ou símbolo da integração das partes.

Se precisar de ajuda, peça para alguém lhe conduzir.

– Confio que nas próximas horas a resposta virá com discernimento.

"Você sabia que cada célula do corpo humano faz aproximadamente seis milhões de coisas por segundo e ainda "sabe" o que todas as outras células estão fazendo ao mesmo tempo?"

Dr. Deepack Chopra

Existe uma infinita sabedoria dentro de cada Ser. Precisamos aprender a nos relacionar mais com esta sabedoria e confiar.

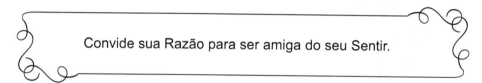

Convide sua Razão para ser amiga do seu Sentir.

3 Perguntas que ajudam quando está indeciso.

1. Aquilo que hesito em fazer pode acarretar qualquer prejuízo a alguém?

2. Pode ser proveitoso à alguém?

3. Se agissem assim comigo, ficaria satisfeito?

Dependendo das respostas, a clareza para a atitude certa surgirá.

Inspirado em Alan Kardec

O discípulo perguntou: – Mestre o que é o inferno?

O mestre respondeu: – A dúvida, a dualidade.

– E o que é o Paraíso?

– A certeza, a convicção. Assuma a responsabilidade de suas convicções e experimentará um "fractal" do Paraíso.

  Vânia Lúcia Slaviero

Valores

— Quais são seus valores essenciais para você viver bem?

Jurema: ah... amor!

Gerônimo: dinheiro.

Maria: liberdade.

Lili: trabalho.

Amâncio: família.

José: saúde.

E assim por diante.

Vivemos de acordo com nossos valores – vamos em busca de satisfazê-los.

Jurema vai viver indo em busca de amor. Gerônimo fará de tudo para conseguir dinheiro.

Maria fará qualquer coisa para ter liberdade. Lili viverá trabalhando. Amâncio buscará ter filhos, e José ficará atento à saúde.

E assim percebemos as diferenças entre as pessoas, mais uma vez.

E a galera que fica muitas horas no celular por distração, sem conexão com a Natureza, com as pessoas do mundo real, que valores estão alimentando? Será que se autoconhecem o suficiente para ter melhores escolhas? Cuidado com a "normose", segundo Hermógenes.

Alguns dizem: "Se todos ao meu redor fazem, vou fazer.
Se todos fazem, é bom e é normal".

Cuidado! "Nem tudo o que é normal é moral".

Ir. Leocádio José Correa

Apegos

A filosofia diz que, existem os APEGOS EFÊMEROS (apegos por algo que pode acabar de uma hora para outra, que não nos pertencem, mesmo quando achamos que sim).

Ex.: casa, carro, roupa, dinheiro, sapatos, flores, chocolate, cigarros, bebidas, alimentos, travesseiro, perfumes, imagens, amuletos...

Existem os APEGOS ETERNOS (apegos por algo que não perderemos, porque ficam memorizados em nosso sistema).

Ex.: sentimentos de amizades, alegria, paciência, fé, intuição, sabedoria, conhecimento, amor, doação, compaixão, criatividade, serenidade, afeto.

Avalie-se:

1. Quais são meus Apegos Efêmeros? Desejos Efêmeros?

2. Quais são meus Apegos Eternos? Desejos Eternos?

3. O que cada um destes apegos e desejos traz de bom? E de ruim? O que ganho com eles? O que perco?

4. De que outras formas mais construtivas posso alcançar estes ganhos?

5. Mesmo que não tenha as respostas agora, medite a respeito. Esvazie um pouco a sua bagagem física e emocional.

"Quanto menos apegos efêmeros temos, mais livres nos sentimos".

A sensação de que podemos perder aquilo que imaginamos nos perten-cer, muitas vezes gera uma grande tensão no subconsciente, provocando insegurança, ansiedade e irritação.

Desapegue-se dos desejos efêmeros, ou conscientize e assuma a res-ponsabilidade de tê-los, sabendo que a qualquer hora não os terá mais.

Se soubermos lidar com esta sabedoria do "ter sem ter" poderemos viver mais livremente, mesmo desejando e conquistando bens efêmeros.

Não existe problema algum em desejar, em ter, o problema é COMO nos relacionamos com isto.

Para alguns, os bens efêmeros tornam-se maiores do que eles próprios, em essência.

Se perdem algo, desequilibram-se completamente...

"Quando se É... se Tem, vivendo mais LivreMente!"

A Lei da Abundância impera

– Atendo a inúmeras pessoas que se dizem com problemas emocionais, de relacionamentos, e o que constatam nas vivências é que acham que rece-beram somente coisas materiais em casa, na infância e na adolescência.

Ex.: brinquedos, roupas, comida, escola, mas um olhar carinhoso, uma palavra de incentivo, um toque afetivo, um abraço demorado, um cafuné, tudo isto faltou. Provavelmente, por falta de costume dos pais, por não terem recebido de seus pais também, e estes por não terem recebido de seus pais, e assim sucessivamente.

Onde está o começo do vazio eu não sei, não importa agora. Onde isto pode terminar e quando, isto sim importa. Está nas nossas mãos.

É só querer fazer a transformAção. Se você está aqui comigo é porque sua hora já chegou e o processo começou.

"Coincidência é a forma de Deus se manter anônimo".

Einstein

> Presenciei uma cena em Valença, no litoral da Bahia - no INSS - que me comoveu.
>
> Estava eu na fila para ser atendida, prestando um favor para um amigo de Morro de São Paulo.
>
> O que eu estava fazendo na fila do INSS na Bahia nas "minhas" férias? Coincidências existem?
>
> Um homem forte e sorridente, funcionário do INSS, recebeu ali a visita de seu filho, que lhe trouxe o almoço, e para minha surpresa o que vi me deixou encantada e comovida.
>
> O homem, sentado, olhava seu filho de frente e, num gesto gracioso, beijou a mão do menino de 10 anos, que prontamente retribuiu sorridente, enquanto continuavam a conversar.
>
> Este homem pacientemente limpava um cisquinho dos olhos do menino com tanto carinho que eu podia imaginar que aquele sorriso e tranquilidade do menino estavam dizendo o quanto ele gostava daqueles tratos.

Olhei para o homem, como se naquele momento o mundo tivesse parado para eu assistir àquele filme. Era como se uma energia amorosa envolvesse meu corpo e uma sensação de profundo bem-estar eu experimentava.

Não me contive e perguntei:

– Com licença, desculpe incomodar... este menino é o seu filho?

– Sim!

– Por favor, o que significa o beijo na mão?

– Respeito.

– Sim, eu sei, no Sul nós, filhos, costumávamos beijar a mão dos pais, mas nunca vi o contrário.

– Ôche, disse ele: - Se gosto de ser respeitado, imagino que ele também goste. Se é bom receber, acho que ele também gostaria de receber. Sou o exemplo... senão, como ele vai aprender?

Sorri, estendi minha mão para ele e cumprimentei-o:

– Parabéns, senhor...

– Jailton Desterro Luz, às suas ordens!

– Como é o nome do seu abençoado filho?

– Laércio - menino bonito, esperto... uma lindeza - tem 10 anos.

– Puxa vida, seu Jailton, seu filho é um menino feliz!

– Graças a Deus!

Mal sabe que ele é a expressão pura de Deus, fazendo-se anônimo em seus toques carinhosos para seu filho.

E assim, muitos outros têm esta afetividade que precisa ser expressada.

Será que na pressa desenfreada em que vivemos, fazemos contatos profundos como os deste pai e filho?

Muitos estão preocupados em fazer, fazer... e quando param para respirar sentem culpa, pois foram educados a mostrar trabalho...

Não olham para as pessoas, não tocam, não as ouvem, não conversam sobre si, só sobre o trabalho e coisas supérfluas.

Não se dão um tempo para as relações.

Será que se colocássemos mais afetividade, mais amorosidade nas nossas relações diárias, o mundo não ficaria mais colorido?

Mais leve? Mais gostoso?

Por que gostamos tanto de férias? Porque talvez nos damos mais tempo de sermos assim, mais calmos, olhando mais, ouvindo, sentindo, relacionando-nos, dando-nos mais tempo...

Como seria passar o ano colocando uma pitada a mais de afetividade e relacionamentos amigáveis, enquanto trabalhamos?

Ouço palavras ecoando: - Não vai dar tempo. Tem que fazer! Tem que Correr! Tem que ganhar. Tempo é dinheiro.

Vamos lá... vamos lá...

Reflexão:

– Vamos aonde? Correr para onde e para quê?

– Aonde queremos chegar com tanta pressa e dinheiro?

– O que isto vai nos trazer?

– A que custo queremos enriquecer?

– O que aconteceria se doséssemos mais o nosso dia a dia em proporções equilibradas de trabalho, descanso e relacionamentos?

– Quem sairia perdendo e o que se perderia?

– Quem sairia ganhando e o que se ganharia?

Hoje as empresas não querem só um QI alto - Quociente Intelectual.

Querem um QE alto - Quociente Emocional. É a pessoa que sabe lidar com suas emoções.

Os outros se sentem bem diante de sua presença, a qualidade de seu trabalho é satisfatória, e demonstra mais estabilidade diante das crises.

Pode não ser o mais inteligente, mas é o mais harmonioso, pois estará sendo bom no trabalho, na sociedade e na família.

O Inteligente demais pode ser bom só no trabalho.

Ter e Ser

Quem não está de bem consigo mesmo, viajará por todos os lugares, conhecerá pessoas maravilhosas e continuará infeliz. Achará tudo sem graça.

Quem aprende a se autoconhecer e vive bem consigo, mesmo tendo os desafios que a vida nos traz, aprende a se respeitar... Poderá viajar ou ficar onde está, e se sentirá bem.

Conheci homens e mulheres de fortunas, alguns satisfeitos com o que tinham e infelizes interiormente.

Conheci pessoas humildes, alguns insatisfeitos com sua condição material, mas felizes.

TER é diferente de SER

Ter e Ser se complementam...

Quando o Ter é maior do que o Ser... pode causar sérios problemas.

Mas quando o Ser está no comando do Ter...

Tudo fica mais fácil de ser conquistado e conscientizado.

– O que tenho?

– O que Sou?

– Estou na busca do que em minha vida?

Segundo Dr. Deepack Chopra: "A melhor maneira e mais fácil de se obter o que se quer é ajudando os outros a conseguirem o que querem."

Se você quer afeto, dê afeto.

Se quer receber palavras de incentivo, dê palavras de incentivo.

Se quer receber presentes úteis, dê o que é útil ao outro.

Se quer bens materiais, ajude aos outros a prosperarem também.

Se quer ajuda, ajude não importa a quem.

Se quer ser bem tratado, trate a todos bem... até aos animais e plantas.

"O ódio é um veneno que eu bebo querendo que o outro morra".

Inspirado em Shakespeare

Desafios para esta semana:

Se sentir que gostaria de falar algo de bom a alguém e não tem coragem, então escreva! Use as "palavras assertivas" aprendidas aqui.

Se ainda não tiver coragem, faça-o mentalmente!

Pode ser em forma de oração ou conversa mental...

Isto também é poderoso.

Ho'oponopono

Quem guarda mágoa e rancor adoece mais facilmente. Fundamental para se ter prosperidade e saúde é ter o coração limpo. Esta prática havaiana, dos kahunas, ensinada por Morrnah Simeona e Dr Len, promove a cura e a libertação.

Se tem alguém que necessita perdoar ou libertar, faça esta vivência.

> Repita: Luz Divina em mim, cura e liberta esta relação, ou esta pessoa.
>
> – Fulano, eu sinto muito.
>
> – Me perdoe.
>
> – Amo você... ou respeito você.
>
> – Muito obrigada(o).

E agradeça a si mesmo por ter tido esta iniciativa.

Acredite – se colocar esta atitude em prática, muitas portas boas se abrirão. Pode fazer as afirmações em qualquer lugar e várias vezes por dia. É como um antivírus limpando o biocomputador.

Muitas pessoas ou situações nos desafiam... por que será?

Porque temos algo a aprender. Quando aprendemos, aquilo desaparece.

Vânia Lúcia Slaviero

Caminho do Meio

Rô infartou. - Por quê? - Levou um choque emocional. A empresa em que ele trabalhava há anos fechou de repente.

Wilma também. - Nossa, o que houve? - Estava discutindo no trânsito.

Laura teve piripaque. - Não me diga, ela não ia se casar? - Pois é, foi na hora do sim! Estava muito ansiosa.

Como pode ter um piripaque por causas tristes e alegres?

Sim. Não importa. O problema é a sobrecarga no coração.

Ou sabemos administrar nossas emoções ou adeusinho!

Segundo grandes mestres, para vivermos em equilíbrio precisamos trilhar o "caminho do meio".

Devemos saborear nossas experiências de vida em doses homeopáticas se quisermos ter bem-estar em nosso sistema integral.

– Há pessoas que são do intelecto: Se afundam em estudos, cursos, sem parar. E esquecem das pessoas e do restante da vida...

– Há pessoas que cuidam muito do corpo. Fazem exercícios exageradamente, dietas, só pensam na beleza física, gastando a maior parte do tempo e dinheiro neste setor.

– Há aquelas que se dedicam a rezar sem parar. Frases prontas sem pensar.

Melhor seria orar = dialogar com o Criador. Mas em excesso também pode prejudicar.

Atenção: não só cuidar do intelecto, nem só cuidar do corpo, nem só cuidar do espiritual.

Corpo - mente - espírito em harmonia: é o ideal para mantermos saúde integral.

– Como está esta balança na sua vida?
– Qual a porcentagem para cada um deles?
– O que fazer para melhorar?

"Deus pode perdoar seus pecados, mas seu sistema nervoso não."

Alfred Korzybski

PNL e NeuroAprendizagem

Como você funciona?

Lembre-se de três situações estressantes que tenha vivido no passado.

– Que situações ou fatos foram estes?

Simbolize cada uma das situações estressantes nos seus respectivos círculos.

Coloque ali um símbolo que possa representar a situação para você. Pode usar cores para cada situação.

Coloque a data do acontecimento em cada círculo e um nome que poderia representar o acontecimento - um rótulo. Ex.: trânsito, ou coração, ou...

Reviva cada uma das situações (um pouquinho só). Uma de cada vez. E para cada uma responda:

Como sei que estava tenso nesta situação? O que senti?

1. _____

2. _____

3. _____

Em que partes do meu corpo mais sinto esta tensão?

Ex.: estômago, olhos, mãos, cabeça, peito... localize a(s) parte(s).

1. _____

2. _____

3. _____

Como fica a minha postura?

Direção do Olhar? Para baixo, para cima ou para a frente? Para a direita, para a esquerda ou no centro?

E a Respiração? No peito ou no abdômen? Qual o meu ritmo interno?

O que falo internamente, ou ouço, enquanto sinto isso? Qual o tom de voz? Ou fico em silêncio?

1. _____

2. _____

3. _____

Qual foi o fato que desencadeou isso?

1. _____

2. _____

3. _____

De Bem Com a Vida

Quais as consequências? Consegui obter o que eu queria?

1. _____

2. _____

3. _____

Olhando para aquelas situações (cada uma delas), lá do passado: Quais os aprendizados que cada uma trouxe para mim?

1. _____

2. _____

3. _____

Hoje, com esta consciência, com a sabedoria que tenho agora, que recursos ou informações eu me daria lá no passado para lidar com aquelas situações? Quais recursos que poderiam fazer eu me sentir melhor?

1. _____

2. _____

3. _____

Imagine-se no futuro usando estas informações e recursos. Eles poderão trazer efeitos bons para minha vida?

Olhe novamente para o passado. O que eu poderia acrescentar lá para melhorar ainda mais aquela situação?

1. _____

2. _____

3. _____

Vânia Lúcia Slaviero

Que tipos de comportamentos posso praticar mais a partir deste momento?

1. _____

2. _____

3. _____

Imagine-se revivendo cada uma daquelas cenas agora com estas Sabedorias adquiridas.

Perceba o quanto elas modificam os resultados internos e externos...

Como ficam suas características agora?

Postura - olhar - respiração - ritmo - tom de voz...

1. _____

2. _____

3. _____

Relaxe em relação ao tempo do relógio.

Procure perceber um tempo mais interno e menos cronológico.

E experimente estar "no seu tempo certo".

> Tenha a certeza que estas novas sabedorias, aqui adquiridas, são Comandos Quânticos que já estão disponíveis em sua Mente Sábia, para serem usadas no Presente e Futuro, sempre que necessitar. Agradeça com alegria.

"Não existem erros. Apenas resultados e aprendizados."

PNL

De Bem Com a Vida

Eu sou... ou Eu estou?

Kaká, um dia, chegou muito irada e desabafou com Lúcia:

– Não suporto mais minha cunhada. Estamos morando juntas desde o casamento com meu irmão, há dois meses, e não aguento mais.

– Mas o que especificamente acontece que você não a suporta?

– Ah! Ela coloca os pés calçados sobre o sofá, come na sala e deixa o prato no chão, larga as roupas pela casa...

Lúcia, com calma, perguntou: - Se ela não fizesse mais estas coisas, o que aconteceria?

– Ah! Seria ótimo! Ficaria tudo em paz, como antes!

– Como antes? Como assim? Indagou Lúcia.

– Durante o namoro com meu irmão, nós éramos amigas, ela respeitava a casa, deixava tudo em ordem, nos dávamos muito bem. Mas agora não colabora...

– Então, você gosta dela. O que você não aprova são os comportamentos dela! E ela sabe que você está chateada com estes comportamentos atuais?

– Tá na cara, não preciso falar - exclamou Kaká embravecida.

– Ué, ela tem bola de cristal para adivinhar do que você gosta e do que não gosta?

– Mas qualquer um não gosta disso.

– Qualquer um, ou você? Aprenda a se comunicar com um tom de voz adequado.

No dia seguinte, Kaká chegou radiante.

– O que aconteceu hoje?

– Falei tudo o que queria... cuidei do tom de voz como você falou, e não é que ela entendeu e juntas arrumamos a casa?

Este é um típico problema de mistura entre Identidade e Comportamento.

1. Identidade é o "Eu Sou". "Ela(e) É".

Ex.: – Ela é folgada. – Eu sou exigente.

2. Comportamentos: aquilo que Kaká e a cunhada fazem por terem aprendido durante sua história de vida como certo e errado.

Ex.: – Ela "está" folgada. – Eu "estou" exigente. Esta colocação mostra que é transitório.

O que fica pior? O que fica mais leve?

Cuidado com as palavras... lembre-se da experiência do limão. As palavras atuam como um código carregado de significados que estimulam a bioquímica, e podem ter resultados no corpo, positivos ou negativos.

"O valor do indivíduo é constante, enquanto
seu comportamento pode mudar".

"Não somos nossos comportamentos, por isso podemos mudá-los se
queremos."

"Corpo, mente e emoções agem interligadas."

PNL

Críticas ou Feedbacks?

Quando criticamos ou somos criticados por alguém, criticamos os comportamentos e não a IDENTIDADE da pessoa, lembre-se de que:

COMPORTAMENTO ≠ IDENTIDADE

Identidade = Eu

Comportamentos = Aprendizado.

Eu não sou os meus comportamentos.

Eu tenho comportamentos que aprendi. Então posso modificá-los.

Há pessoas que têm dificuldade em aceitar críticas, conselhos, porque estão muito Identificadas com seus comportamentos.

Pensam assim: – "Se as pessoas não gostam dos meus comportamentos... então não gostam de mim".

E resumem: – "Fulano não gosta de mim".

Não misture!

Exemplo de comunicação assertiva e resiliente entre X e Y:

X fala para Y: – "Eu não gosto de você Y!"

Y pergunta: – "X, do que você não gosta especificamente? O que eu faço que você não gosta? Qual comportamento?"

X responde: – "Quando você fala comigo, parece que você está sempre me acusando de algo, pelo seu tom de voz, alto demais".

Y sugere: – "Ok! Posso procurar falar de uma forma diferente com você, pode ser? Qual seria o ideal neste caso?"

Resiliência

Há pessoas que acham que isso é se humilhar, ou que dá muito trabalho, que não vale a pena mudar os próprios comportamentos, e vivem obtendo o mesmo resultado... insatisfeitos... reclamando sempre.

E há pessoas mais resilientes que gostam de se aperfeiçoar cada vez mais, melhorando seus comportamentos e jeito de pensar, enriquecendo-se cada vez mais.

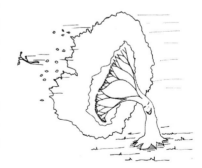

"Seja flexível como a Cerejeira, que se balança com as tempestades, sem se quebrar".

Vânia Lúcia Slaviero

Eu nunca ensino aos meus alunos. Somente tento criar condições nas quais eles possam aprender.

Einstein

Feedbacks

Para cada crítica negativa, dê três positivas.

Crítica também quer dizer *feedback*.

Feedback negativo quer dizer: comportamentos que a pessoa pode melhorar.

Feedback construtivo quer dizer: comportamentos que a pessoa tem e que admiro.

– Como dar *feedbacks* construtivos?

Faça um "sanduíche" ou deixe os "*feedbacks* construtivos" para o final de um comentário.

Opção 1: 1 *feedback* construtivo + 1 a melhorar + 1 construtivo.

Opção 2: 1 comportamento a melhorar + 2 que já são positivos.

Imagine a seguinte cena: o chefe pediu um relatório para a secretária:

Cena I

O chefe chega com a "cara fechada", tom de voz ríspido: - Este relatório está péssimo. Faça outro!

A secretária, amedrontada pelo tom de voz e expressão corporal do chefe, não consegue perguntar o que ele não gostou no relatório.

Então, ela imediatamente refaz tudo, com medo de errar, pois não sabe o que estava bom e o que não estava. Mesmo o que estava bom ela modifica.

– Ainda não está do jeito que "eu quero", refaça!

E assim, o desespero, chateação e a raiva vão crescendo e ninguém se entende. Fica aquele clima pesado no ambiente e a secretária cada vez se achando mais incompetente, ou que o chefe é um carrasco.

Agora, observe a outra cena: *feedback* empático.

Cena 2

– Senhorita, por favor, este relatório precisa ser refeito.

– O que precisa ser melhorado, senhor?

– Esta parte precisa ser modificada, não está boa... (mostrando o relatório). Mas estas partes estão boas e é muito bom contar com sua colaboração.

Este é um exemplo de um *feedback*, "contendo incentivos".

Como a secretária se sentirá?

O chefe atingirá mais ou menos os seus objetivos dentro do relatório?

Claro que mais, pois estará sendo direto. A secretária arrumará somente o que é necessário, ganhando tempo, e ele estaria mantendo um bom relacionamento de trabalho.

As relações, muitas vezes andam mal, em casa ou no trabalho, também por causa deste fator, por não termos aprendido a lidar com comunicação e *feedbacks*.

Por não sabermos DIALOGAR num TOM de voz adequado.

Para se trabalhar bem, é necessário manter um clima de afetividade adequado.

Pense em si mesmo:

– Quando você está afetivamente desequilibrado no ambiente de trabalho, quando as pessoas não estão se entendendo bem, onde há fofocas... O trabalho fica harmonioso, tranquilo, satisfatório? Ou fica desagradável?

Muitos pensam... – Ah, Vânia, é difícil mudar!

Lembre-se:

– Tudo precisa de prática.

Seja persistente no aprendizado do "diálogo assertivo": com Tom de voz e expressão agradável e com *feedbacks* construtivos.

Assim, as relações ficarão mais saudáveis também.

Para melhorar a arte dos *feedbacks*, exercite a arte de fazer perguntas certas por meio do "metamodelo de linguagem", a empatia e a compaixão.

Empatia = Rapport

Empatia é a arte de sentir o que o outro está sentindo.

É a habilidade de se colocar no lugar do outro e respeitá-lo.

Só através da empatia é que podemos fazer transformações.

Através da empatia a comunicação realmente acontece satisfatoriamente.

3 características básicas do *Rapport*: Ter "atenção plena" na pessoa que está se relacionando no momento; Interesse autêntico em quem esta pessoa é, e como ela pensa; Se colocar no lugar dela, sem julgamentos.

Pratique estes passos e terá êxito nas relações.

"A melhor maneira de prever o futuro é inventá-lo".

Arthur Costa

Aprendendo a Receber Críticas ou Feedbacks

Quando receber uma crítica...

Ressignifique imediatamente a palavra crítica por *feedback* ou sugestão.

Pense: – "Estou recebendo um *feedback*... uma sugestão".

– "Ninguém tem a verdade absoluta, vale a pena ouvir o ponto de vista desta pessoa também".

– Alguma coisa, por menor que seja, poderei aproveitar deste *feedback*, desta sugestão.

Imagine-se, afastando-se da situação uns 3 passos, como se estivesse assistindo a conversa acontecendo.

Veja a situação de fora, como um observador, investigador ou testemunha.

Em postura atenta, retire aprendizados daquele *feedback*...

Você pode dizer à pessoa: – "Este é um interessante ponto de vista", ou

– "É bom saber que você se "pré-ocupa" comigo, e que dedica um tempo me observando. Isto que você falou realmente é interessante para eu considerar. Buscarei refletir mais a respeito.

Se for necessário, acrescente:

– Este é só meu ponto de vista e gosto de conhecer o de outras pessoas. Muito obrigada!

E quando alguém vem de surpresa, querendo lhe dar sugestões e você não tem tempo. – O que falar?

– Desculpe-me. Gostaria muito de ouvi-lo, porque sei que seria importante para mim. Por isso, vamos marcar uma hora com mais tempo? Pode ser? Muito obrigada pela compreensão!

> *Podemos falar TUDO o que queremos... só depende de COMO falamos. Responda:*
>
> *— Como eu gostaria de ser tratado se eu fosse dar um feedback ou sugestão a alguém?*

Efeito Bumerangue

Baseado nesta informação... busque agir desta forma:

Só dê o que gostaria de receber.

Tudo o que faço, falo ou penso... voltará para mim.

— As coisas que tenho pensado, falado, quero que voltem para mim?

Um Conto Sufi

O mestre contava aos discípulos:

Havia um homem que vivia rezando para obter o conhecimento, a fim de ser bem-sucedido na vida.

Numa noite, ele sonhou que ia à floresta alcançar o entendimento.

Na manhã seguinte, ele foi à floresta e lá ficou, durante várias horas, à procura de algum sinal que traria respostas. Quando finalmente parou para descansar, ele viu uma raposa sem pernas, deitada entre duas rochas, num lugar frio.

Curioso por saber como uma raposa sem pernas conseguia sobreviver, ele esperou até o pôr do sol, quando observou um leão que vinha e colocava carne em frente a raposa.

"Ah, entendi - pensou o homem: o segredo do sucesso na vida é acreditar que Deus tomará conta de todas as minhas necessidades. Não preciso prover para mim mesmo, e tudo que tenho a fazer é me entregar totalmente a meu Deus, que tudo sustenta".

Duas semanas mais tarde, enfraquecido e morrendo de fome, o homem teve outro sonho. Nele, ouviu uma voz dizer:

– Idiota! Seja como o leão... não como a raposa.

"Solidários, seremos união. Separados uns dos outros seremos pontos de vista. Juntos, alcançaremos a realização de nossos propósitos."

Bezerra de Menezes

Toda semente traz em si a promessa de muitas flores e frutos, e ela não pode ser guardada.

Se segurarmos nossas sementes, perderemos os frutos que elas poderiam nos oferecer, beneficiando outros também.

Quanto mais semeamos, mais colhemos.

"Semear é uma opção, mas a colheita não. Portanto cuide com cada semente semeada dentro e fora de você".

Vânia Lúcia Slaviero

Vivência de Transcendência

Acomode-se bem e, em cada expiração espontânea, solte mais e mais o peso do corpo para os apoios embaixo de você...

Deixe o ar oxigenar cada parte... cada célula...

E ao soltar o ar, solte também pela boca no som aaahhh... relaxando mais e mais.

TranquilaMente... continue neste ritmo...

Inspire levando ar para o baixo ventre, espalhando para as !aterais...

Depois, esvazie-se bem. Repita 3 vezes.

E enquanto seus olhos descansam o suficiente para você me acompanhar...

Mergulhe em seu interior, buscando estas respostas calmaMente. Leia fazendo uma pausa após cada interrogação... fechando os olhos e buscando dentro de si as respostas.

Procure não responder verbalmente, mas sim "sentindo" as respostas...

— Se você não morasse nesse endereço, como saberia que você é você?

— Se você não tivesse esta profissão, como saberia que você é você?

— O que permaneceria constante?

— Se você não tivesse esta família, como saberia que você é você?

— Se você não tivesse essa cor de olhos, como saberia que você é você?

— Se você não tivesse esse corpo, como saberia que você é você?

— Que experiência se mantém constante em você?

— O que permanece, quando todas essas coisas desaparecem?

— Quem é você?

— Para onde você vai? O que quer?

— Para quê?

— Por quê?

— Qual o seu propósito essencial de vida?

De Bem Com a Vida

Comparações

Muitos vivem comparando-se a alguém...

– Eu sou melhor do que fulano, ou, eu sou pior do que beltrano.

Quem tem complexo de inferioridade geralmente se compara a pessoas que julga serem maiores e melhores que ela.

Jota vivia reclamando que era inferior...

Tinha carro, dinheiro, tudo o que queria materialmente... mas se sentia inferior.

O seu corpo então ficava encolhido. Não conseguia uma namorada há anos.

– Ninguém gosta de mim... nada que faço é bom...

Este era sempre o seu discurso.

– O que este comportamento traz de bom para você, Jota?

– Qual a intenção positiva de se sentir e se ver assim?

– O que você ganha com isto? E o que você perde?

Quem tem complexo de superioridade, geralmente compara-se a pessoas que julga serem menores que ela.

Ronaldo, ao contrário, não tinha muitos bens materiais, mas quem o visse diria ser um magnata.

Andava de peito estufado, nariz empinado... jamais olhando para baixo.

– Eu sou o melhor! Falava alto em qualquer lugar, chamando a atenção. Muitos tinham até aversão.

– O que esse comportamento traz de bom para você Ronaldo?

Vânia Lúcia Slaviero

– Qual a intenção positiva de se sentir e se ver assim?

– O que você ganha com isso? E o que você perde?

– O que faz com que uns escolham se comparar aos maiores, sentindo-se menores... e outros se compararem aos menores, sentindo-se maiores?

Não importa neste momento irmos em busca da raiz desta opção...

O que importa é conscientizar-se de que nestes dois casos são percepções distorcidas da realidade. As distorções começam na mente que julga, interpreta, filtra.

Se o EU não tomar as rédeas desta carruagem, posso estar no piloto automático, cometendo equívocos. Se não atualizar meus programas internos, poderei ficar ultrapassada como um computador velho.

Nossos óculos e lentes interiores precisam ser reciclados e, muitas vezes, é importante vermos o mundo sem óculos.

Variação 1

– O que aconteceria se Jota invertesse a posição com Ronaldo?

– Como ambos se sentiriam?

Variação 2

– Qual seria a posição melhor para ambos? Jota? Ronaldo? Ou uma nova? Um caminho do meio?

Muitas técnicas da PNL poderão ajudar a modificar esta percepção distorcida. Faça as arrumações necessárias na sua autoimagem.

Lembre: podemos nos reprogramar através da consciência. Algumas mudanças precisam da repetição para se tornarem um hábito, como andar de bicicleta, dirigir, digitar...

Em seu momento de meditação ou oração, lembre-se de um momento que se sentiu bem na sua própria "presença". Se não tiver, faça de conta e pode criar um. A mente irá trabalhar a seu favor, lembre disso.

Ao lembrar, ajeite sua postura, abra seus ombros, coloque um suave sorriso nos lábios... e repita:

- Estou no meu Centro, na minha "presença autêntica". Nem mais, nem menos. Estou no meu Centro. Respire e afirme.

"Seja amável consigo...
faça as transformações necessárias, com todo o respeito que você merece".

"Ninguém está tão alto que deva ser adorado...
e ninguém está tão baixo que deva ser desprezado".

Ir. Leocádio José Correia

O Cocheiro... A Carruagem ... E os Cavalos!

De uma soberana floresta, um sábio contava histórias sobre a vida, para os viajantes que ali passavam.

Era uma vez uma carruagem, que andava por entre os caminhos estreitos desta floresta...

Os cavalos galopavam por um longo tempo...

– Para onde estavam indo? Perguntou o discípulo.

– Quem poderia responder? Indagou o sábio:

– A carruagem, os cavalos ou o cocheiro?

– O cocheiro é claro! - O discípulo logo falou.

E o mestre continuou a reflexão:

– Será que a carruagem chegaria ao seu destino, se apenas fosse puxada pelos cavalos, sem um cocheiro para guiá-la?

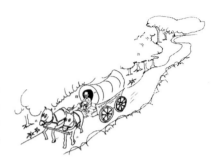

– Talvez chegaria, se os cavalos já tivessem cavalgado por este caminho inúmeras vezes. Mesmo assim, poderia haver imprevistos, e os cavalos poderiam ficar confusos e se perderem...

E o sábio continuava: - Só um cocheiro lúcido e consciente pode orientar satisfatoriamente esta viagem.

– Em uma viagem, o cocheiro precisa cuidar de sua carruagem: cuidar das rodas e dos eixos, acomodar tudo nos seus devidos lugares de forma organizada, sabendo onde encontrar com facilidade cada utensílio.

– Os cavalos precisam estar saudáveis, bem alimentados, com suas necessidades básicas também satisfeitas. E, mesmo assim, o cocheiro precisa de uma certa sensibilidade para perceber o momento certo de deixar os cavalos descansarem e se alimentarem novamente...

– O cocheiro está alerta, enquanto viajante, para fazer as leituras do caminho a ser percorrido, lidando com sabedoria diante dos obstáculos, desenvolvendo estratégias quando de encontro com imprevistos...

– Sabendo "onde está" em relação a "aonde quer chegar"...

– Sabendo identificar "quando" chegou...

– Quanto tempo permanecer... descansar... aprender... fazer o que se propôs a fazer, pois ninguém viaja sem um objetivo, por menor que seja. E o cocheiro alerta e consciente sabe quando realizou seu objetivo...

E fez a seguinte pergunta: - A carruagem sem o cocheiro, ou sem os cavalos para puxar, anda?

– Não! O discípulo falou rapidamente.

– Os cavalos, sozinhos, andam?

– Sim! Respondeu.

– E vão para onde?

Provavelmente não sabem. Eles vão aonde foram treinados a ir, ou em busca de sua sobrevivência imediata.

– E o cocheiro anda?

– Sim!

– E vai para onde? Na direção de seus próprios objetivos, certo?

– Reflita comigo. Sugeriu o sábio: – Faça o cocheiro dormir na carruagem e deixe os cavalos serem guiados por si sós. O que poderá acontecer?

– Os cavalos vão para qualquer lugar, sem rumo certo. Poderão ficar parados, poderão ir para uma estrada perigosa, poderão correr demais e tombar... Poderão ir para o campo, para o rio, etc... E nestes caminhos, a carruagem pode estragar uma roda, quebrar, poderá ser saqueada, etc...

E quando o cocheiro acordar, terá de aceitar o que estiver acontecendo, pois não assumiu as rédeas de sua viagem... dormiu...

Se você fosse se comparar a esta história...

– Quem é você?

– Os cavalos... que cavalgam inconscientemente pelos caminhos da vida?

– A carruagem... que carrega tudo e sempre é guiada e puxada por outros?

– O cocheiro... que comanda sua própria viagem... cuidando dos cavalos e da carruagem?

"Se não tomamos as rédeas de nossa carruagem, devemos aprender a aceitar o que vier... sem reclamar."

Se não assumirmos as rédeas, se ficarmos dormindo, alguém poderá assumir as rédeas por nós e talvez os objetivos desta outra pessoa não sejam iguais aos nossos...

Então, de nada resolverá ficar reclamando depois, culpando alguém. Acorde!

Vale a pena desfrutar conscientemente desta viagem.

Surpresas das mais diversas se encontram pela estrada...

Para um cocheiro atento, os recursos estão sempre disponíveis.

Simbologia da metáfora:

- Carruagem - é igual ao corpo físico.

- Cavalos - são iguais à mente.

- Cocheiro - é o Eu Consciente que comanda - ou Espírito, ou Essência.

Reflita:

– Quanto tenho cuidado de meu corpo (carruagem) por dia?

– O que posso fazer por ele para me sentir melhor?

– Quanto tenho cuidado de minha mente (cavalos) por dia?

– O que posso fazer por ela para me sentir melhor?

– Quanto SOU por dia?

– O que posso fazer por MIM para me sentir melhor e obter melhores resultados?

"A imaginação é tudo. Ela é uma prévia das próximas atrações.
A imaginação envolve o mundo".

Einstein

Você funciona assim?

– Acorda pensando no que vai fazer durante o dia?

– Ao terminar uma tarefa (objetivo), já imagina o que vai fazer em seguida?

– Você sabe "o que" realmente quer na vida?

– Você sabe "qual" é o seu verdadeiro sonho?

– Ou só tem consciência do que NÃO quer?

Há pessoas que se organizam assim:

– Isso eu não quero... aquilo eu não quero... não quero que me aconteça isto... não... não...

O mundo externo é o reflexo de nossos padrões de pensamento.

Leia com atenção e perceba o que vai acontecer na sua tela mental ao fazer o que vou pedir agora.

"Não pense em elefantes".

– Pensou em elefantes, não é? – Por quê?

Quando penso ou falo: - "Não pense em elefantes"... A mente vai buscar memórias ligadas a elefantes, para saber que é isto que precisa ser deletado, não pensado.

Gastou muito tempo e energia. É útil?

– Não!

O bom programador pensa e fala o "que quer" e não o que "não quer".

Vai direto e sem rodeios.

É objetivo e assertivo.

Assim, poupa tempo, energia, memória... e até o humor, pois cansará menos...

– Você já assistiu à uma corrida de Fórmula 1?

Foram colocados eletrodos nos pilotos para detectar seu funcionamento neurológico durante a corrida.

Foi observado que:

> 1. Prepara-se corporalmente, mentalmente... aperfeiçoa seu carro para fazer o melhor no momento.
>
> 2. Seu objetivo é chegar em primeiro lugar.
>
> 3. O piloto fica olhando para a pista à sua frente.
>
> 4. Sua visualização constante é a linha de chegada... a bandeirada de primeiro lugar.

Todos os pilotos sabem que poderão ou não chegar em primeiro lugar, e que só um será o primeiro colocado.

– Mesmo sabendo disso, será que eles vão para as pistas desanimados?

– Correm de qualquer jeito?

– Não! Cada um deles faz o melhor que pode.

– Se não atingem o objetivo naquele dia, eles desistem?

– Não!

Buscarão assistir o vídeo da corrida para fazer uma avaliação detalhada:

– O que preciso fazer para melhorar na próxima vez?

– O que precisamos aperfeiçoar no motor do carro, na forma e na agilidade da troca dos pneus?

– Como posso me preparar melhor?

> Foi detectado através dos eletrodos que:
>
> – Se o piloto olhar para o muro, ele colide.
>
> Pois quando está atento à pista tem uma neurofisiologia funcionando – que mostra "o que eu quero", meu objetivo.
>
> Quando olha para o muro, muda a neurofisiologia, pois olha para aonde NÃO quer ir, e vai.

Isso, em alta velocidade, cria uma confusão interior, como um curto circuito e desestrutura o piloto.

Foco

Olhe para onde você quer chegar...

O que acontece com os frustrados e derrotados?

Desistiram de seus objetivos, olhando mais para os obstáculos do que para os objetivos.

Em vez de ficar olhando para a potência dos concorrentes, para o quanto os outros são melhores, trate de se aperfeiçoar e seguir em frente.

Você já assistiu em algum filme, um leopardo correndo atrás de uma gazela?

A velocidade que ele alcança é fenomenal, e seus olhos ficam fixos na gazela escolhida...

Vânia Lúcia Slaviero

Em nenhum momento ele olha para o lado para ver se tem outro leopardo correndo atrás da mesma gazela.

Em nenhum momento ele para, coça a cabeça e se pergunta:

– Será que vou conseguir? Ele simplesmente faz o melhor que pode...

Ele conseguirá alcançar o seu objetivo?

Ninguém sabe, nem ele...

Mas isso faz com que ele desista do objetivo?

Não! Se ele não conseguir, em seguida continuará sua caçada.

Fará o mesmo que o corredor: mudará a estratégia, mas não o objetivo.

Mudamos de objetivo somente se ele perdeu o sentido.

Muitos de nós paramos mil vezes para coçar a cabeça, e de tanto pensar, desistimos de nossos objetivos, achando-os impossíveis, ou muito difíceis, ou que não somos merecedores...

"Se não está alcançando seu objetivo,
mude a estratégia e não o objetivo".

PNL

Recomendação Importante:

Assista o filme verdadeiro de Morris Goodman – "O Homem Milagre". Nele você aprenderá a por em prática o poder das estratégias assertivas.

Prepare-se para aprender a usar sua Forma Pensamento e seu Potencial Interior, usando mais pressupostos da PNL.

"Não existem fracassos, mas sim aprendizados".

"Nenhum vento sopra a favor para quem não sabe onde ir".

Sêneca".

Você tem um objetivo?

Anote as respostas com calma e profundidade. Reserve um tempo.

1. Na família de origem: biológica ou adotiva.

– Eu quero: _____

2. Nos relacionamentos afetivos como companheira(o).

– Eu quero: _____

3. Social (amizades - ambientes).

– Eu quero: _____

4. Espiritual (missão - doação - fé).

– Eu quero: _____

5. Pessoal (Saúde e bem-estar corporal).

– Eu quero: _____

Que tempo tenho disponível para atingir e vivenciar cada um destes objetivos?

Reflexão

Você sabia que quando realmente queremos realizar um objetivo, significa que deveremos adiar a conquista de alguns outros, que no momento não estão sendo tão relevantes quanto este?

Ex.: Se quero passar em um concurso muito importante, precisarei colocar os estudos em primeiro lugar e deixar algumas festinhas, viagens, para depois do concurso. Não estou abandonando minhas atividades, estou adiando, priorizando o que quero no momento.

Precisa se sentir motivado para atingir seu objetivo. O que é motivação? É ter uma imagem do futuro com os resultados benéficos deste objetivo... Ter uma razão para fazer determinada coisa com ENTUSIASMO...

Porque senão, a sua energia não será suficiente para mobilizá-lo a ir em busca do que você quer.

Ex.: Sentamos na cadeira do dentista, porque temos uma motivação. - sorrir mais bonito, ter dentes saudáveis para nos alimentarmos bem, etc.

Economizamos dinheiro durante o ano, porque temos uma motivação.

Imaginamos uma viagem nas férias, sentindo prazer, descansando e já determinamos um tempo para isto. Organizamos um plano de ação com começo, meio e fim. Certo?

Madre Tereza, Gandhi, Chico Xavier, Irmã Dulce, Maury R. da Cruz, São Francisco, entre outros, dedicaram suas vidas aos necessitados, porque "algo" os motivava...

– Quais são os seus motivadores diários... pelos outros e por você?

> Eu escrevo livros e nem sei se ganharei dinheiro com isso, mas sinto alegria só em pensar que posso ajudar alguém, longe de mim, por meio destes conhecimentos que me ajudam tanto. Isto me motiva a passar horas do meu dia e ano escrevendo.
>
> Desenvolvo o hábito de caminhar e cuidar de minha alimentação, diariamente, porque tenho uma imagem minha no futuro, mais saudável: coração perfeito, pele bonita, corpo elegante, brilho no olhar, sorriso nos lábios, pensamentos criativos, disposição, ânimo, alegria, paciência, serenidade e felicidade...
>
> É um quadro bastante motivador, para me fazer reservar, no mínimo, 1h do dia, para caminhar. Uma cena bastante motivadora para eu escolher alimentos mais saudáveis e beber muita água.
>
> Interessante que no momento em que faço isto para o meu futuro, meu PRESENTE fica rico, energizado, e colho os efeitos no exato momento da AÇÃO.
>
> **Porque o futuro é o próximo milésimo de segundo que estarei vivendo ... AGORA.**

Motivo que leve para a ação = Motivação

Muitas pessoas querem mudar seus comportamentos fragilizantes e não conseguem.

Não é suficientemente atrativo, não há motivação... então temos que descobrir a chave do futuro que nos "atrairá" a mudar o comportamento do hoje.

Descubra uma excelente motivação para seus objetivos.

Tenha consciência de que encontrará obstáculos, e tudo dependerá de como os interpretará. Há pessoas que nos primeiros obstáculos desistem...

E outros se fortalecem achando formas mais criativas de chegar aonde querem.

Ressignificação

> CRISE - risque o S.
> CRIE outros comportamentos - esta é a chave para o sucesso.

Cada palavra traz uma memória contida que dispara uma emoção, afetando a bioquímica interior.

Portanto: mude as palavras e alivie suas emoções.

PROBLEMAS e OBSTÁCULOS = DESAFIOS.

Sabedoria vem com a capacidade de se adaptar, se flexibilizar diante de novas situações, sejam elas boas ou ruins...

Não adianta muitas vezes ter títulos, rótulos de PhD, se mentalmente a pessoa é rígida como uma barra de ferro. E esta rigidez de que falo pode ser física, mental, energética ou espiritual.

Para alcançar o que quer, ao longo do caminho, provavelmente ela precisará fazer algumas adaptações nos comportamentos, formas de pensar... Isso se não teimar em se manter rígida:

– Sou assim... desde sempre...

Se for assim, provavelmente já começou fracassada.

Vânia Lúcia Slaviero

Hora de Saber o que Quer

Você quer aprender uma forma de se organizar para atingir seus objetivos, com um índice maior de acertos?

Robert Dilts e Epstein estudaram pessoas de sucesso e constataram que estas pessoas sabem pensar mais assertivaMente.

– Quer aprender?

– Está pronto para rever seus objetivos?

Aprendendo a organizar objetivos

Um bom objetivo deve:

1. Ser dito em termos positivos.

2. Iniciar e acabar em você.

3. Ser do tamanho apropriado.

4. Ter um tempo adequado.

5. Ter claro o que você ganha.

6. Ter claro o que você perde.

7. Identificar "com quem".

8. Identificar se prejudica a si próprio e a quem mais (Ecologia).

9. Identificar as evidências que permitem confirmar se o objetivo foi alcançado (o que se vê, o que se ouve, o que sente – modalidades visual, auditiva e cinestésica).

"O plantio é livre, mas a colheita é obrigatória".

(dito popular)

De Bem Com a Vida

Inspirada nas técnicas de Dilts e Epstein, organizei a seguinte vivência:

Escolha um dos objetivos que você escreveu - depois você poderá fazer o mesmo com cada um dos outros.

Estabeleça dois círculos à sua frente:

A. Círculo do seu Presente - o dia de hoje - o Momento Atual.

B. Círculo do seu Futuro - quando você quer atingir seu objetivo. Momento desejado.

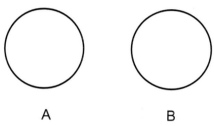

1. – O que eu quero? Lembre-se: evite a palavra "não" - diga aquilo que você "quer", e não o que "não quer".

Para responder à esta pergunta, esteja no círculo A.

Crie um filme a seu respeito, lá no círculo B, como se já tivesse atingindo o objetivo - como se você fosse diretor de cinema.

Para ser... aja como se fosse

Veja você lá no futuro: - Onde estarei? Com quem?

Coloque cor, tamanho, movimento, personagens, etc.

Trilha sonora: – O que falam? Com que tom de voz, ritmo, etc?

Crie um holograma do que quer com todos detalhes.

2. Vá até o círculo B e entre no filme do seu objetivo já alcançado, como se estivesse vivendo-o agora.

– Qual é a sua postura corporal? Movimentos e gestos?

Vânia Lúcia Slaviero

– Direção do seu olhar? Respiração? Tom de voz?

– O que você fala? Ouve? Ou o que se diz interiormente?

– Quais são seus comportamentos?

– Onde você está? Com quem? Quando?

Viva como se fosse agora a sua realização.

Crie uma frase que simbolize esta realização: uma frase de motivação para você mesmo.

3. Enquanto diz esta frase com entusiasmo, sinta a parte do seu corpo que a está emitindo, e toque esta parte. Respire registrando esta sensação.

4. Testando a ecologia deste objetivo.

– Alguém será prejudicado?

– O que lhe trará de bom?

– Quem mais será beneficiado?

5. Olhe lá para o passado - círculo A - e responda:

– O que fiz para chegar até aqui? Para realizar o meu objetivo?

– Que atitudes, comportamentos e hábitos desenvolvi?

– Quais foram as minhas prioridades?

Após responder a estas perguntas, volte para o círculo A, aprendendo agora cada passo que você deu para o seu crescimento, e então entre no círculo A, trazendo esta sabedoria.

6. De frente para o círculo B responda:

– O que hoje está me impedindo de atingir o meu sonho, o meu objetivo?

Faça uma lista dos possíveis impedimentos.

7. – Que recursos eu tenho para lidar com cada impedimento e chegar onde tanto quero?

– Que recursos eu preciso desenvolver para me fortalecer?

– Estou disposto a colocar em prática meus recursos e buscar aprender mais sobre os recursos que julgo não ter? Qual o primeiro passo que vou dar?

Anote as respostas e prepare-se para organizar sua vida na próxima página.

"Suba o primeiro degrau com fé.
Não é necessário que você veja toda a escada.
Apenas dê o primeiro passo".
Martin Luther King Jr.

Um conto de meditação

Um candidato à meditação foi aos Himalaias...

Procurou um guru, um mestre e perguntou:

– Mestre, ensina-me a meditar. Dizem que é tão difícil parar este turbilhão de pensamentos.

– É fácil, disse o guru. - Sente-se ali. Mantenha sua coluna vertical...

– Você pode pensar no que quiser. Só NÃO pense em hipopótamos.

E o discípulo só pensou em hipopótamos!

"Dai-me lucidez para pensar somente naquilo que eu quero que se materialize."

A mente é parecida com o mercúrio de um termômetro. Tente segurá-lo, não consegue. Por isso, não lute com ela, seja amigo dela.

 *Vânia Lúcia Slaviero*

Boa Formulação de Objetivos

"Pedi e Obtereis!"

Jesus

Momento de potencializar a energia construtiva mental e emocional, organizando a vontade, na direção certa.

Perguntas certas na ordem certa provocam desbloqueios profundos, gerando energia propulsora para o alcance de objetivos assertivos.

Prepare-se para esta vivência transformadora.

Parte 1 - Sombra

1. – O que está errado na minha vida neste momento?

2. – Por que tem este problema?

3. – Como falhou para ter este problema?

4. – Como pode continuar falhando?

5. – Como este problema o limita?

6. – O que o impede de mudar?

7. – De quem é a culpa?

8. – Q.E.M. - Quebra de Estado Mental. Ex.: Pense na cor que mais gosta ou olhe para o céu...

"Quando é óbvio que os objetivos não podem ser alcançados, não ajuste as metas, ajuste as etapas da ação".

Confúcio

Parte 2 - Luz - Concretizando Objetivos

1. – O que quer em relação a este fator acima? Focalizando o objetivo, visualizar-se no futuro, com o objetivo concretizado. Construir mentalmente uma cena: o que verá, ouvirá e sentirá...

2. – Retorne para o momento presente (hoje) e responda:

3. – Este objetivo é ecológico? Respeita seus valores, e o meio em que vive?

4. – Quando, onde e com quem quer?

5. – O que o impede hoje de alcançar o que quer?

6. – Como pode conseguir aquilo que deseja?

7. – Que recursos têm e quais recursos necessita?

8. – O que modificará em sua vida quando alcançar este objetivo?

9. – Qual o primeiro passo? O que fazer para mantê-lo?

10. – Acredita que é possível obter este objetivo? (Dê uma nota de 0 a 10 para esta resposta e anote)

11. – Você merece alcançar este objetivo? (Dê uma nota de 0 a 10 para esta resposta e anote)

12. – Crie uma frase para simbolizar este momento. Desenhe seu objetivo materializado.

13. – Faça o seu agradecimento interior (pessoas, mestres, a você mesmo).

14. – Como está se sentindo agora?

Compromissos:

Eu, _____ me comprometo que a partir de _____

vou incorporar na minha prática diária _____ .

Você tem alguém de confiança a quem poderia solicitar ajuda para orientá-lo(a) quando necessário, verbalmente ou através do pensamento, um mestre, um amigo, um anjo, um mentor, um sábio?

Compartilhe somente com alguém de confiança, alguém que tenha afinidade de pensamentos com você, alguém que não entraria com julgamentos, preconceitos, porque muitas vezes compartilhamos com amigos que têm visões muito diferentes, ou pessoas que acham muitas coisas "impossíveis", etc... e se não estivermos fortes o suficiente, poderemos nos deixar influenciar, enfraquecendo nossa energia e garra para chegar lá.

Crie um horário para olhar seu desenho do objetivo... como se fosse hoje o dia D. Quando você fizer seu relaxamento diário, sua meditação, em seguida, no estado apropriado, faça a visualização.

Isto faz com que energize e materialize o seu objetivo mais rapidamente. Se houver impedimentos fortes, use as técnicas dos próximos capítulos para limpar, senão elas poderão lhe sabotar.

> O que eu posso fazer por mim para me fortalecer e me sentir melhor agora?
>
> Qual o primeiro passo que vou dar em relação ao que quero?
>
> Agradeça!

Coloque-se em estado de relaxamento... centramento...

Toque naquela parte do seu corpo que está ancorando este estado de realização... respirando profunda e calmamente 5 vezes.

Agora, visualize o seu objetivo e afirme sua frase motivacional com convicção.

Frase: _____

LEMBRE – "Nenhum vento sopra a favor... para quem não sabe para onde ir"

Sêneca

De Bem Com a Vida

A História do Se... Então

"O mal só penetra onde o medo deixa uma brecha".

I Ching

Existem pessoas que se acomodam na vitimização. Frequentemente falam assim:

"Se meu chefe fosse melhor... então, eu faria meu trabalho mais bem feito".

"Se minha mulher fizer o que eu quero... Ah! Aí, então, eu serei o homem mais feliz do mundo".

"Se meu marido mudar... então eu serei a mulher mais realizada do planeta".

"Se eu comprar um carro... então vou caminhar nos finais de semana".

Se = Causa   Então = Efeito

"Você não pode impedir que um pássaro pouse em sua cabeça, mas será culpado em deixá-lo fazer um ninho nela!"

Hermógenes

Reflita:

– Quantas vezes por dia falo: "Se acontecer isto... então eu..."

– "Se ele fizer isto... então..."

E aqui é que começa a "grande diferença". A solução está dentro de nós mesmos, e não nos outros.

Quem pensa ser sempre a "vítima" do mundo exterior (efeito), ficará às vezes anos, meses, dias, ou a vida inteira para sair de um problema... porque pensa que os outros são os "culpados".

– Oh! Sou simplesmente mais uma vítima desta sociedade... de um governo ruim, de uma família desequilibrada, de uma educação desestruturada, etc...

Os outros são os eternos culpados por eu ser assim... então minha vida é esta desgraça... Agora sou velho, não tem mais jeito.

"Meu Deus! Que ladainha... nem a própria pessoa se aguenta. Escolha pensar melhor sobre si mesmo. Se preciso busque ajuda, mas não se conforme com a vitimização".

"Quem não se respeita... viverá sendo desrespeitado".

Respire, solte bem o ar... dê um grito se quiser, pois é difícil "se aguentar" assim... ou aguentar alguém assim ao lado. A sensação é de sermos uma marionete nas mãos dos outros...

"Se fizerem ou não fizerem o que eu quero... eu decido assim mesmo a ser mais feliz."

– Note 3 qualidades em você.

– Note 3 qualidades em alguém com quem você tem afinidade.

– Note 3 qualidades em alguém com quem você não tem afinidade.

"Todos têm defeitos e qualidades. Vou me relacionar de acordo com os óculos que eu escolher usar."

Credo dos Otimistas

"Se quer algo novo... pense e faça algo novo".

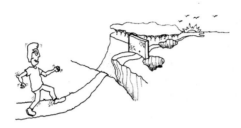

Prometo

1. Ser tão forte que nada poderá perturbar a minha paz de espírito.

2. Falar de saúde, felicidade e prosperidade a cada pessoa que encontrar.

3. Fazer todas as pessoas e amigos, que se aproximarem, sentirem que há algo de valor neles.

4. Olhar para o lado bom de tudo e todos e fazer com que o otimismo se torne realidade.

5. Pensar apenas o melhor, trabalhar apenas para o melhor e esperar o melhor.

6. Ser tão entusiasmado pelo sucesso dos outros quanto pelo meu.

7. Esquecer os erros do passado e empenhar-me por maiores realizações no futuro.

8. Evidenciar uma expressão jovial em todas as ocasiões.

9. Oferecer um sorriso a cada criatura viva que encontrar.

10. Dispensar tanto tempo à melhoria de mim mesmo, que não terei tempo para criticar os outros.

11. Ser grande demais para me preocupar, nobre demais para me irritar, forte demais para ter medo e feliz demais para permitir a presença de problemas.

Vânia Lúcia Slaviero

Quem Sabe Respirar...
Sabe Organizar mais Facilmente suas Próprias Emoções!

Sempre que possível, traga consciência para sua respirAção, emoção e sensação do momento. Então acompanhe a inspiração abrindo o tórax...

E o ar saindo... soltando cada parte do corpo... continue, conscientemente...

Sinta o ar entrando... sinta o ar saindo...

Ar entra...

Ar sai...

Confie: a respiração regula-se naturalmente... assim como o próprio corpo.

E reflita: – Como posso viver com mais leveza?

"Onde quer que você esteja... o que quer que se faça...

lembre-se da própria presença... e respire sempre no que você faz..."

Daniel Goleman

Disciplina

Disciplina... educando a vontade.

Quem não se disciplina para pequenas ações, não se disciplinará para grandes ações.

O sentido da disciplina é a libertação do ser.

Quem se disciplina, se liberta.

"Eu consegui me curar da hérnia de disco na coluna que quase me paralisou, por causa da minha disciplina diária.

Quem não tem disciplina não consegue nada na vida".

Minha mãe – Maria Irma

Sabotadores

– Ah! Amanhã eu começo a fazer caminhadas....

– Mês que vem eu paro de fumar...

Todos podem alcançar seus objetivos HOJE, desde que exercitem a força da vontade, da DISCIPLINA.

"Quem nao age... não é!"
Leocádio J. Correa

Escolha o que seria bom ter como hábito saudável em sua vida. Ex.: Esporte.

– Como ficará sua vida se começar a praticar semanalmente a partir de agora? O que precisa fazer para dar o primeiro passo?

Repita: – Ninguém pode fazer por mim. Decido começar por amor a mim mesmo. Decido ser melhor para mim mesmo.

Liderança Consciente

Este novo momento de vida busca essencialmente a valorização humana, na qual as pessoas procuram se disciplinar mais, para alcançar a libertação e o autorrespeito. Em consequência, aprendem a respeitar mais as pessoas e o mundo ao seu redor. Depois de tanta tecnologia, aprenderemos verdadeiramente o significado da palavra "qualidade total, respeito, liberdade e amor".

Qualidade Total = Q.I. e Q.Es. = Felicidade

Até um tempo atrás, Qualidade em uma instituição empresarial ou educacional queria dizer comprar os melhores equipamentos, fazer cursos somente técnicos e tecnológicos.

A qualidade melhorou, mas deixou muito a desejar. Atualmente, descobriu-se o quanto é importante investir no ser humano, no autoconhecimento, nas relações, no bem-estar dos funcionários e no meio ambiente.

Hoje é constatado que uma pessoa só trabalhará bem se estiver de bem consigo mesma, se o ambiente em que vive e trabalha for saudável.

E, para isso, precisamos criar uma "mentalidade" para ter Qualidade.

Q.I. = Quociente Intelectual

Q.E. = Quociente Emocional

Q.E. = Quociente Espiritual

Quociente Emocional, é a capacidade de se autoconhecer, saber se respeitar e se relacionar com harmonia.

Quociente Espiritual vai além das religiões. Tem a ver também com a sua postura no sistema social e planetário. É poder dormir com a consciência tranquila de que está fazendo o seu melhor em harmonia com o todo.

O espaço que não investir sistemicamente sairá do mercado em breve.

Encantando em Vendas

De alguma forma, todos somos vendedores de algo ou de alguma ideia.

Foi constatado que os "vendedores de pouco sucesso" desconhecem o poder da disciplina e da empatia e não investem no autoconhecimento. Acham supérfluo.

O percentual abaixo, mostra onde a maioria destes vendedores se encontra:

Empatia - colocar-se no lugar do outro, ter atenção total no cliente: 5%

Simpatia - ser agradável, gentil: 25%

Apatia - ser indiferente, sem graça: 60%

Antipatia - ser desagradável, mal-humorado: 10%

Simpatia e Empatia estão presentes em maior porcentagem em "vendedores de sucesso". Estes revelam coragem, disciplina, respeito, autoconhecimento, humildade, generosidade e gratidão pela vida. E a soma dos dois dá aproximadamente 100%.

De Bem Com a Vida

Vivência para Liderança

– O que você faz de melhor no seu trabalho e que deve continuar fazendo?

– O que você faz de ruim e que deveria deixar de fazer?

– O que você não faz e deveria passar a fazer?

– O que sua empresa (seu ambiente de trabalho, sua casa) faz de bom e deve continuar fazendo?

– O que faz de ruim e deveria deixar de fazer?

– O que não faz e deveria passar a fazer?

Anote as respostas e medite sobre elas.

Pode Ser...

Era uma vez, uma aldeia pequena no interior de um país. Ali morava um homem simples e sábio, que vivia com seu filho.

Um dia, houve uma festa na cidade vizinha e o homem ganhou um cavalo em uma rifa.

Ele pegou o seu cavalo e levou para sua simples casa.

Ao chegar em casa, os vizinhos vieram correndo felicitá-lo: - Oh! Que maravilha, parabéns por ter ganho o cavalo. O senhor é um felizardo!

E ele, calmamente, olhou para as pessoas e respondeu: – É... pode ser.

E as pessoas saíram resmungando.

– Credo, parece que ele nem ficou feliz. Que homem estranho!

No dia seguinte, seu filho montou no cavalo e saiu galopando. Caiu e quebrou a perna.

Os vizinhos vieram correndo falar: - Nossa, que azar. Se o senhor não tivesse ganho o cavalo, seu filho não teria quebrado a perna.

119

E ele, calmamente, olhou para as pessoas e respondeu:

– É... pode ser.

Novamente os vizinhos saíram comentando:

– Que homem insensível...

Passaram-se 10 dias, o país entrou em guerra e os militares vieram recrutar jovens para lutar. Ao verem o rapaz com a perna quebrada, o dispensaram.

Imediatamente os vizinhos vieram correndo:
– O seu filho foi dispensado por estar com a perna quebrada, enquanto os outros jovens da aldeia terão que ir à guerra. O senhor tem realmente muita sorte!

E ele, calmamente, olhou para as pessoas e respondeu:

– É... pode ser!

O que para muitos é uma desgraça, para outros é uma alegria.

O que hoje parece ruim, amanhã pode ser bom.

O bom e o ruim dependem do ponto de vista e do contexto.

É apenas um Julgamento.

> "O poder da interpretação impõe-se sobre a programação genética, gerando uma mudança nos campos de informação do corpo. Experimentamos as interpretações como um diálogo interno. Pensamentos, julgamentos e sentimentos giram sem cessar pela cabeça de cada um...
>
> – Gosto disso. Não gosto daquilo. X me dá medo, etc. Este diálogo é gerado em um nível profundo pelas nossas crenças e suposições. Quando a interpretação de alguém muda, tem lugar também para uma mudança em sua realidade."
>
> Dr. Deepak Chopra

Visualização Criativa: Círculo de Luz

Use esta técnica para quando sair de casa, levando em si um Estado de Centramento:

Faça de conta que pode criar ao seu redor um "Círculo de Luz", neste momento... (pode escolher uma cor, intuitivamente). Pode desenhar para ajudar no processo criativo.

Dentro desse Círculo, sinta-se respirando serenaMente.

Encontre uma palavra que combine com este momento... Ou uma frase...

Repita 3 a 5 vezes esta frase. Ex.: – Calma!

Se você pudesse escolher um som que possa ajudar agora... qual seria? (ouça este som mentalmente).

– Em que outros lugares será interessante levar este Estado de Centramento?

Mesmo andando ou dirigindo, imagine este Círculo de Luz ao seu redor, onde só entra o que é bom e também só sai o que é bom... Tudo será filtrado.

E no banho, imagine que a água é uma cachoeira poderosa que lavará as impurezas e tudo será levado para o ralo... que na Terra será transmutado... purificado.

E assim você contribui para sua renovAção... usando o poder da imaginAção.

Vânia Lúcia Slaviero

Pássaros da Ilusão

Neste dia percebi que estava bastante pensativa, preocupada e resolvi andar às 9h da manhã...

Problemas ligados ao meu afetivo... e à pessoa ligada a esta emoção não me saía da mente.

Comi algumas frutas, acompanhada daquela pessoa, que estava a mais de mil quilômetros de mim... mas dentro de minha mente.

E eram pensamentos desagradáveis, pois eu sentia meu corpo se fechar. Quando sinto coisas boas, sinto meu corpo se abrindo como uma flor.

Sentia-me como um botão... Nem percebi as pessoas ao meu lado... E fui andar na praia, com vários pássaros voando sobre minha cabeça: os meus pensamentos.

Um dos pássaros estava prestes a fazer um grande ninho...

Entrei no mar e nada percebi: nem temperatura, nem cores, nem brilho, nem nada...

Só a dor no peito... aumentava...

Tristeza... muita tristeza ...

Pássaros pesados em minha mente trazendo ideias ruins...

Senti que meu coração apertava, apertava...

Quando sobressaltei...

Olhei para os lados... para cima...

– Onde está essa pessoa?

– Não sei! Aqui, fisicamente, não se encontra...

Dentro de minha mente eu a criei e alimentei.

– Xô! Xô, pássaro! Saia daqui e leve o seu ninho. Deixe-me livre. Aaahhh...

Respirei... Aahhh... Chacoalhei o pássaro que estava agarrado às raízes dos meus cabelos...

Meu Deus! Estava perdendo a beleza do dia... do Sol... do mar quentinho que eu não estava vendo... nem sentindo... quantos peixes ao meu redor... e eu me desequilibrando, com o meu pensar.

Xô pássaros... pensamentos incertos... ilusões! Voem para o infinito azul...

E no ninho havia uma mensagem para mim: - Quero ser amada.

Guardei a mensagem e, naturalmente, o pássaro pegou o seu ninho e voou longe...

E minha respiração começou a aprofundar... senti minhas costelas se movendo... o abdômen recebendo o ar, espalhando-se pelas costas... sentia o ar saindo em um som que inicialmente era forte e, aos poucos, foi serenando...

E meu estômago começou a tranquilizar... Sim, porque o medo foi-se indo.

Medo de perder alguém que nem estava comigo... - Perder o quê? Onde?

Nada!

Que doideira!

Nada existia... só ilusões...

– O que é real, perguntei?

E a Natureza ficou mais viva...

Os peixinhos coloridos, acariciavam minha pele.

O vento gostoso e o Sol tocavam meus cabelos...

Quanta vida... quanto ar... senti amor olhando os pássaros... os pássaros agora no céu, livres, voando e cantando.

Não mais em minha mente, e sim no céu reluzente.

Já era tarde... fui caminhando pela areia morna e macia até a fazenda...

Pensando o quanto é fácil se perder... enlouquecer... deixando a mente desenfreada criar o que não está no Presente.

Nossa mente é tão rica em criatividade e imaginação que ela pode tudo:

Criar filmes de ficção, de amor e de terror. Naquele dia, meu filme era trágico.

E criando, dirigindo e assistindo aquele filme... meus músculos, meus hormônios, minha química, minha voz, meu olhar... todo meu sistema começou a se apavorar, entristecer...

Foi quando disse a mim mesma:

– Tenho várias opções: ou crio filmes de tragédia, de terror, filmes de amor... ou nada criarei e viverei o que está aqui, diante dos meus olhos - o Sol brilhante, o céu azul, o ar, meu corpo... o Presente.

E assim, as pessoas realizam seus objetivos, sonhos, riquezas... infartos, depressões, tristezas, insônias...

Criando pensamentos. Deixando-os fazerem ninhos na mente e no coração.

Vigiai os pensamentos... vigiai os pássaros da ilusão.

Desafio

Afirme: - Hoje não julgarei nada que acontecer comigo.

O julgamento cria turbulência mental entre o que é "certo e errado".

Não julgar abre um espaço agradável para o silêncio interior, necessário para o autoequilíbrio.

O silêncio interior é a porta para a criatividade, para a intuição...

Para o discernimento... e... quem sabe... para o amor.

De Bem Com a Vida

Exemplo de Bem-Estar: Tim Hallbom

Tim Hallbom é americano, mora na Califórnia, EUA, e é responsável por treinamentos de Programação Neurolinguística, em comunicação e mudança comportamental para pessoas e empresas públicas e privadas.

Junto de Robert Dilts e Suzi Smith, ministram cursos de formação na América e na Europa. E tenho a felicidade de fazer parte da Comunidade Mundial de PNL em Saúde, que eles coordenam. E assim, me tornei sua amiga.

Tim formou-se pela Universidade de Utah, em 1972. É presidente da Associação Nacional de Programação Neurolinguística nos EUA.

Sugeri a ele que nos contasse como é que se mantém com essa energia toda, essa disposição, sabedoria e alegria de viver.

Sua vida e seu exemplo são de profunda congruência.

" – Vânia, eu acredito que a coisa mais importante para se manter saudável é cultivar crenças positivas sobre si mesmo e sobre a saúde.

Tenho me empenhado em formar e desenvolver crenças positivas sobre mim e para os outros.

Tenho feito, também, algumas mudanças importantes em meu estilo de vida, as quais incluem jornada diária de leituras, meditação, exercícios, vitaminas e suplementos minerais. Eu também faço uma dieta de baixa gordura, que inclui bastantes frutas e vegetais frescos.

Também faço todo o empenho para integrar conflitos internos, tais como: fazer por mim versus fazer pelos outros; ser e fazer; deveres e trabalho versus relacionamentos, etc.

Como isto interfere com a boa saúde e com a perda de energia!

Quanto mais integrado e equilibrado eu me torno, tanto intimamente quanto no meu mundo exterior, melhor eu me sinto e mais saudável eu sou.

Tenho feito muitas mudanças em meu estilo de vida nos últimos cinco anos, para me manter "centrado e equilibrado", enquanto vou mantendo uma agenda de trabalho agitada.

É difícil dizer qual das mudanças tem tido o maior impacto; combinadas, elas proporcionam estabilidade em minha vida.

Estas são as coisas que faço diariamente, não importa onde eu esteja.

Eu me exercito pelo menos meia hora de manhã. Em casa, tenho uma esteira, bicicleta ergométrica, máquina aeróbica e mais pesos livres.

Enquanto estou viajando, faço caminhadas ou danças aeróbicas em meu quarto de hotel com músicas.

Meditação por 20 min todas as manhãs. Eu prefiro o processo chamado "resposta de relaxamento" (relaxation response), em que eu me sento em uma posição confortável e repito a palavra "one", para mim mesmo, deixando os pensamentos correrem livres pela minha mente, como eles aparecem.

Frequentemente faço isto em conjunto com Reiki, movendo energia através de cada um de meus chakras.

Assim que eu desperto, a cada manhã, escrevo "três páginas matinais", do que quer que esteja em minha mente. Isto me permite melhor acesso aos meus pensamentos inconscientes e trazer à tona pensamentos que estão me perturbando.

Presto atenção aos alimentos que estou comendo, assim eu me concentro em alimentos saudáveis que nutrirão o meu corpo. Também insisto em beber pelo menos 8 copos de água por dia para me sentir saudável.

Meu estilo de vida é algo sobre o qual eu tenho total controle, e é uma maneira de me tratar bem, fazendo coisas que me ajudam a me manter centrado e equilibrado. Eu aprecio a energia positiva que essas mudanças de estilo de vida trouxeram para minha vida."

Tim, Vânia e Dilts

Tim, Suzi, assim como Dilts, a meu ver, são objetivos, sensíveis, saudáveis, cheios de energia, atentos e bastante centrados. Quem os conhece atuando, sabe do que estou falando.

Acredito que cada ser humano que busca autoconhecimento, em algum momento descobrirá a sua fórmula mágica para se disciplinar em práticas saudáveis, reencontrando seu caminho de volta para casa - sua casa interior, onde se harmonizará consigo e com o meio em que vive.

Quem quiser pode experimentar alguns destes passos, até encontrar o seu próprio caminho.

É bom assumirmos o controle da própria vida, senão, alguém assumirá por nós.

Por falar em assumir o controle da própria vida...

"Respire o Presente... Viva este Presente... Vista-se deste Presente".

Como Funcionamos?

Quando eu o convidei, no início do livro, a imaginarmos uma fazenda...

Uns gostaram do convite, outros não... por quê?

Muitas vezes, sem perceber, no exato momento do convite "lembramos" de ocasiões diferentes, em que fomos a outras fazendas, ou a lugares parecidos...

E se as experiências anteriores foram boas, ficaremos felizes com o convite, achando que desta vez "também" será bom...

Se as experiências anteriores foram ruins, provavelmente, diante deste convite, vamos franzir o nariz...

– Que convite chato!

Se nunca fomos para uma fazenda antes, ficaremos um pouco ansiosos, tentando descobrir mais detalhes do que é que vamos encontrar por lá... Assim como as crianças fazem quando são convidadas para um lugar aonde nunca foram, e enchem seus pais de perguntas:

– O que tem lá? O que vou fazer lá? Estou curiosa. Quero ir.

Tudo o que é novo, que nunca fizemos, causa uma certa tensão inicial, até o desconhecido passar a ser conhecido.

Muitos dão nomes a estas tensões: medo, ansiedade, expectativa, etc...

Então, inicialmente, tendemos a generalizar o passeio, comparando subconscientemente esta fazenda que "vamos conhecer" com todas as outras que "já conhecemos"...

Já começamos a unir o Passado ao Presente, "rotulando" o Futuro.

Coitado do Futuro... torna-se uma repetição do Passado.

E onde fica o Presente? Não fica!

Não vamos entrar no mérito das pessoas "sensitivas", que têm o dom das premonições e algo mais... pessoas que preveem o futuro. Para quem tiver esses dons, também é de extrema importância avaliar se realmente são "intuições" ou se são comparações subconscientes de memórias passadas.

Bom, faz de conta que, depois de fazer estas comparações, aceitamos o convite e vamos à fazenda:

Chegamos lá e, naturalmente, o que fazemos?

Julgamos: é boa... é ruim... é feia... é bonita... é grande... é pequena...

Cada um julga de uma forma diferente.

Fazemos esse julgamento de acordo com nossos padrões, usados no dia a dia, através de nossa história pessoal, educação, estímulos, etc...

E fazemos isso utilizando nossos sentidos.

– Quais são os nossos sentidos? Visão, Audição, Tato, Olfato e Paladar.

Sabe-se hoje, pela ciência, que temos mais de "7 sentidos". Mas os 5 básicos são os que mais usamos conscientemente.

1. Visuais: Algumas pessoas vão se deter mais nas imagens da fazenda, usando o sentido VISUAL. Vão observar as cores, tonalidades de verde, quantas árvores existem, formato da casa, se é bonita ou feia, se a fazenda é grande ou pequena, se está limpa, se têm flores e quais as cores, se o Sol brilha ou está nublado, quantas pessoas estão ali, como estão vestidas. Se tiver internet, farão muitas postagens de fotos e vídeos.

2. Auditivas: Estas vão se deter mais nos sons, usando o sentido AUDITIVO. Vão prestar atenção nos cantos dos pássaros, no som do vento, no farfalhar das árvores, ou no silêncio do local, se as pessoas falam alto ou baixo... Gostarão de conversar, serão bons ouvintes, ouvirão músicas e gravarão áudios descrevendo o local.

3. Cinestésicas: Estas usarão mais a CINESTESIA: olfato, paladar e tato. Vão sentir o local, o clima da fazenda e das pessoas, se é gostoso ou não. Sentirão o vento... se é quente ou frio, se a comida está gostosa, se as frutas são saborosas; vão tocar nas plantas, passar a mão nos animais, ficar perto das pessoas, abraçando, acariciando ou se tocando; sentirão o cheiro das flores, procurarão o sofá mais macio. Comerão bastante. Algumas preferem ficar sozinhas curtindo o local, relaxando ou meditando.

Há uma mescla destes sentidos, revelando a particularidade de cada pessoa. E esta mescla fará com que cada um filtre a realidade - "distorcendo, omitindo ou generalizando".

– Visuais não registram o que ouvem e sentem.

– Auditivos não registram o que veem e sentem.

– Cinestésicos nem percebem as imagens e o que foi dito, pois sua memória é pelas sensações.

A mente subconsciente de cada um pode ter registrado, mas sua memória imediata não. E é assim que irá se comunicar.

Nas próximas páginas, trarei mais detalhes deste tema.

Pergunto novamente: - Quando interpreto e falo que algo é bom ou ruim, é de acordo com o que? São fatos ou interpretações pessoais? Reflita!

Lembre: " O mapa não é o território"

PNL

Julgar Menos... Respeitar Mais...

Sabendo que generalizo, omito e distorço a realidade, então:

– Quando descrevemos a fazenda para alguém, quando vamos falar do nosso passeio... descreveremos a fazenda exatamente como ela é, ou descreveremos a fazenda que filtramos e interpretamos de acordo com nossos óculos interiores?

Por isso, cuidado ao afirmar para alguém:

– Vai, você vai adorar, lá é uma delícia!

Delícia para quem? Baseado em que referenciais? Em que interpretações?

– Vai que este filme é ótimo! Às vezes, vamos e não gostamos.

– Este filme é péssimo, detestei! Às vezes, vamos e gostamos.

A realidade se torna subjetiva, pois estamos acostumados a colocar nossa "interpretação" pessoal sobre ela.

O pior é que fazemos isso sem consciência... e vendemos uma imagem da realidade, julgando que estamos "completamente certos".

"Quando alguém acha que está sempre certo... alguma coisa errada existe".

Anônimo

De onde vêm esses filtros interiores... essas tendências que temos de interpretar o mundo?

> A Ciência fala que é uma somatória:
>
> Muitos falam em memória genética, outros em inconsciente coletivo, outros em reencarnação.
>
> Educação familiar.
>
> Influência de terceiros no lar, durante a primeira infância (até os 7 anos).
>
> Educação escolar.
>
> Experiências fortes... traumas...
>
> Leituras, filmes, histórias, etc...
>
> Influência cultural, religião, sociedade e ambiental.

Com todas estas possíveis influências, estamos nos comunicando, e vale relembrar que nas relações, segundo Mehrabian e Ferris, a comunicação passa por estas porcentagens:

7% - Conteúdo – Palavras

38% - Tom de Voz

55% - Não Verbal: Gestos e Expressão Corporal

– Como está sua expressão? Que filtros está usando?

Diferenças entre o Visual, Auditivo e Cinestésico

- Imagem: a velocidade da luz é de 300 mil quilômetros por segundo. O Visual é muito rápido, pois tem milhares de imagens ao redor e o cérebro vai se estimulando. Por isso, falará muito rápido.

- Som: a velocidade do som é de 240 metros por segundo. O Auditivo é mais calmo que o visual, pois tem menos estímulos sonoros no dia a dia. Ele se organiza e se comunica não pelo que vê, mas pelo que ouve.

- Sensação: velocidade média de deslocamento do ser humano é de 4 quilômetros por hora ou 1,1 metros por segundo. Este é muito mais calmo que os anteriores, pois o cinestésico (tato, olfato e paladar) se move pelas sensações, que são em menor quantidade que os anteriores.

Descobrindo Maneiras Diferentes de Ser

Você já reparou que não existe uma pessoa igual a outra? Mesmo os gêmeos univitelinos têm alguma coisa que os diferencie. Somos tão variados quanto as nossas digitais, não existe uma igual a outra.

Você já percebeu que mesmo filhos criados de formas iguais têm "reações" diferentes na vida?

Se você observar com mais atenção, perceberá as diferenças também na Postura Corporal.

Há pessoas que são mais eretas; outras mais relaxadas...

Umas com tendência a serem mais esbeltas; outras mais fofinhas...

Umas curtem combinar cada peça da roupa... outras nem se importam com a combinação, desde que tudo esteja muito à vontade... confortável.

Há pessoas que falam muito rápido e alto.

Outras preferem ouvir... ou curtir o silêncio... e quando falam, falam baixinho e calmamente.

Observe-se: – Como é a sua postura corporal habitual, tom de voz, gestos.

– Você fala e se movimenta rapidamente ou calmamente?

– Fala mais ou ouve mais?

– Sua respiração é mais peitoral, diafragmática, ou abdominal?

– Respiração rápida ou calma?

– Pisca frequentemente ou não?

– Gosta de se tocar, tocar nos outros, ou não gosta de toque?

– Descobre os temperos e aromas da comida com facilidade?

– As extremidades corporais são quentes ou frias?

– De que tipo de roupa gosta mais? Bonita ou confortável?

– Gosta de abraços ou não?

– De que ambientes gosta mais?

– O que você escolheria: assistir a um filme, andar na Natureza, ou ouvir música?

– O que você prefere: ler, dançar ou bater papo?

Modalidades – Formas de Viver e Conviver Visual, Auditivo e Cinestésico

Existem várias formas de estudar o "estilo pessoal" de cada um. Vou me deter em apenas um deles, que faz parte de um dos segmentos da Programação Neurolinguística. Inspirado no Trainer em PNL Anthony Robins.

VISUAL - A pessoa que estimulou mais o sentido da Visão.

Gosta de ambientes limpos, arrumados, bem decorados. Sente-se bem em lugares organizados visualmente.

Gosta de ver vídeos e filmes. Quando lê, vai criando imagens a respeito. Gosta de modas elegantes, decoração, arte e pintura, e é detalhista.

Profissão: Estilista, decorador, designer, artista, cirurgião plástico, diretor de cinema, advogado, arquiteto, engenheiro, profissional de informática, youtuber, influencer digital...

Frases e Palavras mais usadas: Imagina só. Amizade colorida. Observe o que digo. Meu futuro é brilhante. Vejo uma luz no fim do túnel. O dia está bonito. Vou mostrar para você. Olha que música bonita. Veja que comida boa. Sorriso amarelo.

Olhos: Por haver milhares de estímulos visuais por segundo, seus olhos voltam-se mais para cima e ela gosta de captar todas as imagens ao redor. Se ficar de olhos fechados, sente-se desconfortável, pois precisa ver tudo.

Velocidade: Por isso, também será uma pessoa bastante rápida para acompanhar a quantidade dos estímulos visuais. Fala rápido e alto, na velocidade das imagens que surgem na sua mente.

Respiração: Por ser rápido, sua respiração é curta - peitoral - provocando muitas vezes taquicardia, hipertensão. Terá dificuldade de dormir logo... precisará desacelerar 40 minutos antes de dormir.

Temperatura: Suas mãos e pés geralmente são mais frios.

Postura corporal: Ereta. Tem o corpo mais esbelto e cuida muito da aparência.

Boa memória visual: Lembrará da aparência, mas não do nome; gosta de estudar sozinho, fazendo gráficos, *posts*, ilustrações... tem memória fotográfica; não tem paciência para explicações longas.

Relacionamentos: Se precisa de um favor do visual, escreva com letras chamativas e use cores diferentes - mostre o que você quer, pois ele(a) precisa VER para entender.

Pode namorar a distância, desde que diariamente veja vídeos e fotos da amada(o). Se mora com a família, quando chega em casa precisará ver as pessoas, isto lhe traz "bem-estar". Não dialogará, nem abraçará. Provavelmente verá as notícias ou convidará para ver um filme. Este é o seu jeito de mostrar amor.

Feedbacks ou pedidos de desculpas: Melhor por escrito. Cartão, bilhete, presente, uma demonstração o satisfaz mais.

Esporte: Academia, esportes individuais, danças, corrida, etc.

AUDITIVA - *A pessoa que estimulou mais o sentido da audição.*

Gosta de dialogar e conversar. Tudo se resolve com uma boa conversa.

Gosta de ouvir música, de ambientes com o som agradável, tem bom ouvido para reconhecer a voz das pessoas por telefone; sabe ouvir o outro; assiste a palestras, *podcasts*, aulas teóricas...

Profissão: Excelente professor(a), teatro, vendedor, psicólogo, terapeuta, músico, orador, palestrante, cantor, advogado, médico, faz podcast e áudios, mas não gosta de mostrar sua imagem, apenas a voz.

Frases e Palavras mais usadas: Escute essa. Ouça bem. Ouvi dizer que... Isto me soa estranho. Não ouvi direito. Vamos fazer silêncio. Prestem atenção no que vou dizer. Me conta essa. Conte comigo. Conversando a gente se entende. Estou ligado. Desliga...

Olhos: O olhar geralmente está na altura dos ouvidos e balançando a cabeça para falar. Olha para a esquerda inferior para pensar em forma de diálogo interno.

Velocidade: Está mais interessado nos sons, por isso terá uma velocidade mais calma que o visual, pois os estímulos sonoros são menores; falará num tom claro e audível para ser bem entendido, e dará chance dos outros falarem, porque gosta de ouvir.

Respiração: Diafragmática, respirando na altura das costelas.

Temperatura: Corpo com temperatura média – nem frio e nem quente.

Postura corporal: Não está preocupado com as aparências, por isso a postura e vestimenta são mais a vontade.

Boa memória auditiva: Grava facilmente os nomes e de quem é a voz; reconhecerá qual música pelas primeiras notas musicais; gosta de ler em voz alta, ou gravar a matéria para ouvir depois, desde que a voz seja agradável; estuda em grupo, onde escuta ou fala em voz alta.

Relacionamentos: Se precisar de um favor de uma pessoa mais auditiva (secretária, filhos, etc) precisará falar com uma voz agradável, clara, explicando nos mínimos detalhes, sendo gentil, usando palavras como: por favor, por gentileza e muito obrigada.

O namorado(a), esposa(o) mais auditivo se estiver quilômetros de distância, precisará receber telefonemas. Ao chegar a casa não é o suficiente ver as pessoas somente, precisará conversar e saber como estão. O diálogo sustenta a relação dele(a). Este é o seu jeito de Amar.

Feedbacks: Adora receber *feedbacks*, elogios verbais. Gosta de discutir a relação. Tudo se resolve no diálogo. As desculpas devem ser faladas com o TOM de voz agradável.

Esporte: Onde pode conversar, ou com música, ou estará sempre com os fones de ouvido para escutar algo.

CINESTÉSICA - A pessoa que estimulou mais o sentido do tato - olfato - paladar.

Gosta de ambientes aconchegantes, situações que tragam bem-estar, que envolvam comida, bebida, carinho, massagem, sexo, esportes que tragam prazer... em contato com pessoas.

Profissão: Terapeuta corporal, massagista, pediatria, professora ou cuidadora de berçário, recreação infantil, teatro, terapias alternativas, aromaterapia, reiki, moda que busque o conforto e não a estética, chefe de cozinha, degustador, educação física, danças em par ou grupos...

Frases e Palavras mais usadas: O dia está gostoso. Eu sinto muito. Fulana é fria. Ele é quente. Este lugar é suave. Coração apertado. Estou folgado. Pega leve...

Olhos: Seus olhos gostam de ficar semicerrados ou fechados para poder sentir mais, ou olhando mais para baixo - muitas vezes para o lado direito inferior. - Você observou uma pessoa degustando algo? Ela, por instantes, fecha os olhos. Isto é uma característica da cinestesia.

Velocidade: Os estímulos cinestésicos são muito menores, então a pessoa falará pouco e quando fala, sua voz é baixa e bem calma. É como se ela sentisse cada palavra, por isso será mais calma que o visual e auditivo.

Respiração: Por buscar sentir mais do que ver e ouvir, sua respiração será profunda e calma, sendo mais abdominal. Isto possibilita seu coração funcionar tranquilamente, tanto que terá tendência à pressão baixa.

Temperatura corporal: É quentinha, por fazer uma boa oxigenação.

Postura corporal: Bem relaxada, com os músculos relaxados. Se não desenvolveu um pouco seu lado visual, tenderá a ser mais fofinha, por gostar de comer e beber mais, e ter tendência ao sedentarismo. Terá uma postura mais ereta e fará atividade física se aprendeu a sentir prazer nisto.

Gosta de almofadas, sofá bem gostoso para se sentar e deitar. Usa roupas bem frouxas, folgadas, que lhe dão total liberdade de movimentos, nada apertando na cintura, para poder respirar profundamente.

Obs.: percebemos que os adolescentes cinestésicos terão liberdade de escolha dentro de casa, buscando usar roupas bem soltas; os adultos mais visuais dirão que são roupas feias sem estética alguma.

É uma fase importante na vida, em que o adolescente está se desenvolvendo, sentindo mais o corpo, conhecendo suas sensações. Nesta fase farão mais contatos, os primeiros namoros e trocas de carinho. Tem ótima memória cinestésica. Gostará de estudar em grupo, com alguém por perto, ou animal de estimação, para sentir o contato. Precisa fazer os exercícios para gravar. Está sempre mexendo em algo ou rabiscando enquanto ouve. Não precisa olhar para o professor.

Relacionamentos: Se precisar de um favor de um cinestésico, seja caloroso, afetuoso; enquanto fala toque em seu ombro, chegue perto para ele(a) "sentir" o que você está falando... e fale calmamente, num tom de voz doce e suave, assim ele o atenderá com prazer.

O namorado(a), esposa(o), mais cinestésico gostará de receber carinho, contato, não adianta chegar em casa, dar presentes, só conversar, assistir algo, marcar presença. Precisa abraçar, tocar, acariciar, sentar de mãos dadas, ou encostar uma parte do corpo. Gosta de cozinhar junto. Este é seu jeito de amar.

Feedbacks: Pedidos de desculpas sempre com um gostoso abraço.

Obs.: Para exemplificar, eis o caso da minha irmã, com uma superdose de visual, que vivia com frio e vestindo sempre roupas quentes... e minha sobrinha Shely, uma supercinestésica, com 14 anos, que vivia encalorada, pouca roupa, corpo quentinho... o conflito era quase que diário:

– Põe casaco!

– Não coloco, tá calor!

– Você não "vê" que está frio, minha filha?

– Mãe, você tá maluca? "Sinta" o calor....

Divertido para quem está assistindo e entendendo o que está acontecendo... Hoje, para elas, é divertido também quando se pegam fazendo isso, pois já existe uma compreensão das diferenças.

Atenção! um ou dois sentidos são mais atuantes.

Temos também uma mescla destes canais de comunicação.

– Você sabe quais são os seus sentidos, ou "canais" dominantes?

Observe-se no dia a dia.

"Se quisermos ser "respeitados", precisaremos
"respeitar as particularidades" de cada um."

O canal mais dominante facilitará a relação com as pessoas do mesmo canal. E o canal menos atuante será o nosso problema de relacionamentos, pois tendemos a querer dar ao outro o que gostamos... e nem sempre o outro quer o que queremos.

"Faça ao próximo aquilo que ele gosta".

Por isso, é importante desenvolver flexibilidade para aflorar as possibilidades, assim os relacionamentos serão mais fáceis.

As pessoas são diferentes umas das outras, e querer mudá-las não compete a nós, e sim ao "momento" de cada um. Mas não é o outro que fará esta mudança por nós.

O que os amigos, os terapeutas, os livros podem fazer, é mostrar que existem outras formas de pensar, de viver; existem bilhões de jeitos interessantes de buscar a "felicidade" e de ser feliz (mesmo que por momentos).

Cabe a cada um expandir seus próprios limites e escolher seu próprio caminho. Isto É Sabedoria.

A Arte de Fazer Perguntas Assertivas

*"Se você não está preparado para qualquer resposta...
então não faça a pergunta".*

John Grinder

Perguntas Certas... Na Hora Certa

Korzybski e Chomski inspiraram Bandler e Grinder a desenvolverem o Metamodelo de Linguagem, em 1970, que deu origem à PNL e muitas outras terapias que usam esta ferramenta.

Einstein dizia: "O importante é não parar de perguntar. A curiosidade tem motivo próprio para existir. Não podemos deixar de ficar pasmos quando contemplamos os mistérios da Eternidade da vida. Da maravilhosa estrutura da realidade. Basta tentarmos entender um pouquinho desse mistério a cada dia. Nunca perder uma curiosidade sagrada".

 *Vânia Lúcia Slaviero*

Metamodelo de Linguagem

A mente humana normalmente faz omissões, dirtorções e generalizações a respeito do que vê, ouve e sente. É uma forma de poupar tempo e energia. Às vezes pode ser bom e às vezes pode gerar confusão.

Se você não fala o que pensa... ou se você fala frases pela metade... com certeza alguém completará sua frase. A mente tem dificuldade de ficar no vazio. Ela completa as lacunas com o que pensa ser a verdade dela.

CUIDADO! Nem sempre as pessoas completam do jeito que queremos. E ainda muitas podem acabar completando e passando para frente como se VOCÊ tivesse dito.

Ex.: "Jô queria ir a um bom restaurante... Clô estava louca para namorar...

Ambas passeavam no shopping, quando passou um belo homem bem na frente de um restaurante e na mesma hora Jô comentou:

– Humm... que vontade de... (olhando para o restaurante)

E Clô imediatamente completou: - Eu também... (olhando para o homem).

Sorriram e o papo acabou.

Clô, ao encontrar Fernando no dia seguinte, comenta:

– Jô está com muita vontade de namorar...

– Sério? Será que posso me candidatar? Fernando fala empolgado.

Através das perguntas certas resgatamos informações que estão "subentendidas", e que se as deixarmos passar poderão causar problemas, fofocas, distorções, etc...

Nesse momento, a pergunta certa de Clô para Jô seria: - Vontade de que especificamente?

E a pergunta certa de Fernando para Jô seria: - Como você sabe que ela quer namorar?

E assim, de pergunta em pergunta, iremos clareando as omissões, distorções e generalizações das conversas, poupando problemas.

Por isso a PNL organizou um sistema de "Perguntas Assertivas" para facilitar a vida.

Este sistema de perguntas chama-se "Metamodelo de Linguagem".

Minha intenção não é me aprofundar no Metamodelo, mas mostrar que existe uma forma de nos comunicarmos mais claramente e quem quiser aprender mais sobre isto, poderá ler o livro "Estrutura da Magia" de Richard Bandler e John Grinder. Os pais da PNL.

Clareando Omissões, Distorções e Generalizações

Afirmação: – Não quero ir... detesto fazendas, eu "nunca" gostei de ir a fazendas.

Desafio: – Nunca! Como você sabe que detestará essa fazenda? Nem chegou lá ainda!

Afirmação: – Ah, "todas" as fazendas que eu fui eram iguais...

Desafio: – Todas? Quem disse que essa fazenda é igual às outras? Ou – O que especificamente havia em comum nas fazendas, que você não gostou?

Afirmação: – O cheiro de bosta de gado, e ainda tenho medo dos bois.

Desafio: – Quem disse para você que tem gado? Essa fazenda é de agrofloresta...

Afirmação: – Não vou, "Eu sou" péssima companhia.

Desafio: – Quem disse que você é péssima companhia? Ou – O que é ser péssima companhia?

Afirmação: – É muito "difícil" ir lá.

Desafio: – Como você sabe? Você já foi?

Afirmação: – Me falaram.

Desafio: – Quem falou? Quando esta pessoa foi? Ou – O que é difícil para você?

Afirmação: – Não consigo falar em público.

Desafio: – O que lhe impede? (esta pergunta leva a pessoa para o Passado) Ou – O que aconteceria se falasse? (esta pergunta leva a pessoa ao Futuro). – Que recursos precisa para poder falar em público? (Presente)

Afirmação: – Este valor é "muito grande".

Desafio: – Grande em relação a quê?

Afirmação: – Eu sou "o melhor" designer. Ou – Eu sou o pior...

Desafio: – Melhor comparado a quem? Ou – Pior comparado a quem?

Afirmação: – Eu tenho "medo".

Desafio: – O que o amedronta? Ou – Medo do que especificamente?

Conversa com perguntas:

Afirmação: – Eles "não gostam" de mim...

Desafio: – Como você sabe?

Afirmação: – Porque "não olham" nos meus olhos quando conversam.

Desafio: – Todas as pessoas que não olham nos seus olhos quer dizer que não gostam de você? Ou – O fato de todas olharem, quer dizer que gostam? Ou – Você olha sempre nos olhos das pessoas de quem você gosta?

Pratique esta arte e sua "comunicação interna e externa" ficará mais organizada e assertiva. Apenas cuide para não se tornar um meta-chato. Use o bom senso.

De Bem Com a Vida

4 Pontos para Não Julgar

Antes de julgar alguém por uma atitude, pergunte-se:

– Qual canal ela está atuando e eu julgando? O que não estou considerando?

– Como será que ela foi educada para estar agindo assim?

– Quais as crenças desta pessoa para ter uma ação ou reação destas?

– O que faço que alimenta este comportamento nela(e)?

– O que posso fazer por ela?

Se não posso interceder para melhorar fisicamente, farei mentalmente, atuando no campo de informações, enviando um pensamento bom.

Lembre: podemos fazer alguma coisa boa pelo mundo em que vivemos, basta querer.

O Ir. Leocádio me ensinou algo maravilhoso quando eu tinha 19 anos. Quando vir um mendigo ou alguém sofrendo e você se sentir incapaz de fazer algo concretamente "no momento"... em vez de dizer: - Coitado!

Diga ou pense: - Força... Saúde... e Fé, meu irmão! Você consegue superar isto também.

E ainda imagino um Ser de Luz vindo lhe fortalecer. Ou irradio uma cor da Natureza envolvendo-o, dando-lhe sensações de bem-estar.

Tudo isto é pouco? É Ilusão? Pode ser...

Mas, pelo menos, construimos um campo vibracional bom e não o destruímos através dos pensamentos viróticos. Ainda mais se tenho a consciência de que tudo o que sai de mim... volta (bumerangue).

"Pense, Fale e Faça o que gostaria que se materializasse na eternidade".

Engenharia Interior: Como Funcionamos

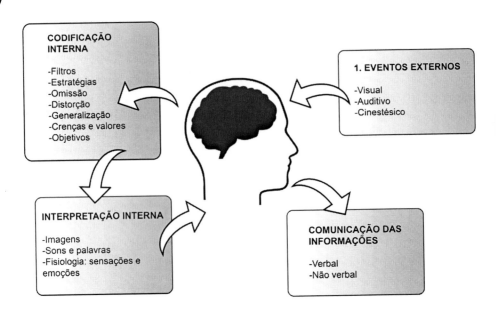

"Quando alguém comunica uma ideia, verdade, crença a outrem, está comunicando "apenas" sobre seu "ponto de vista" interpretado de sua forma.

Portanto o "respeito" é a base do "bem viver". Ninguém tem a verdade absoluta, apenas relatividades.

E a "arte de fazer perguntas certas", auxiliará muito na clareza destas interpretações".

"O mapa não é o território."

De Bem Com a Vida

"Para isso existem as escolas: não para ensinar as respostas, mas para ensinar as perguntas.
As respostas nos permitem andar sobre a terra firme.
Mas somente as perguntas nos permitem entrar pelo mar desconhecido".

Rubem Alves

O Sapo e a Missão

Em um sítio, no interior de Minas Gerais, um fato curioso, real, aconteceu...

O seu significado parece ser muito mais profundo do que se possa imaginar, por isto vou lhe contar:

– Alguma coisa diferente acontece no sítio da vovó - dizem as crianças.

Um sapo pula confortavelmente entre as frescas e perfumadas flores coloridas que enfeitam a cristalina lagoa. Nadando de uma margem à outra, sabe por onde passar.

E talvez você se pergunte: - O que pode haver de tão especial neste fato?

Ah!!! É que aquele sapo, leva consigo em suas costas, de carona, um sapinho, e isto desperta mais e mais a curiosidade das crianças que ali costumam passar seus finais de semana...

– Para ONDE ele leva este sapinho?

– PARA QUÊ ele faz isso?

– COMO eles conseguem viver assim?

Mais perguntas surgem... parece que sentem que em algum momento saberão as respostas.

O vento, no final de cada entardecer... traz até as crianças um curioso som. Percebem que é o coaxar do sapo... um coaxar diferente... como se ele estivesse cantarolando sua história.

E em cada dia bem cedinho... o sapo novamente leva o seu caroneiro a outros lugares onde se alimentam... cochilam... parecem até se divertir...

Certo dia, as crianças resolveram chegar mais perto.

– Por que será que o sapinho está nas costas do sapo?

– Por que o sapo faz isto?

– E com estes questionamentos a curiosidade aumentava...

Uma das crianças, sem muito entender, chegando bem próximo... sensível e respeitosamente... o suficiente para que o sapo permitisse sua aproximação... delicadamente levantou o sapinho para ver o que poderia acontecer...

E para a surpresa de todos...

– Oh! O sapinho não tem pernas!!!

Um silêncio significativo envolveu todo o lago... o sítio... toda a região... um silêncio que para as crianças parecia tomar conta do Universo. Podiam agora entender... o que cantarolava o sapo em seu coaxar. Com cuidado... ainda emocionados... colocaram o sapinho no mesmo lugar. As crianças correndo foram para casa, entusiasmadas com o que vivenciaram, e contaram o que haviam descoberto.

Seus pais, aproveitando o encantamento das crianças, comentaram que é como se o sapo conhecesse as dificuldades de seu amigo...

– Ele ajuda seu amiguinho e recebe muito carinho.

– Um faz companhia para o outro...

– Aprendam crianças... amizade se constrói assim!

E as crianças felizes se abraçaram, emocionadas, com mais esta linda lição da Natureza.

Assim também podemos perceber como cada um de nós participa de uma forma bem particular... na construção do que chamamos vida. Esta interessante história é verdadeira... contada por minha cliente, uma bondosa senhora, a Terezinha, que se tornou uma grande amiga em Belo Horizonte.

Quando ela me contou esta passagem de sua vida, pensei:

– Que lei é esta que rege o Universo... que faz as coisas serem tão perfeitas... mesmo quando pensamos estar tudo "estranho, talvez errado"?

– Será que conseguimos cumprir a nossa missão com tanto desprendimento quanto o nosso amigo "sapo"?

> Qual a minha missão?
> 1. Escreva a respeito do que acredita ser "missão".
> 2. Escreva a respeito do que acredita ser a "sua missão".
> Compartilhe com alguém.
> Veja os livros: " A Cura pelas Metáforas" e a "Borboleta de Duas Cabeças" – Vânia Lúcia Slaviero

"Se você não tem empatia e relações pessoais efetivas, não importa o quão inteligente seja, você não vai chegar muito longe".

Daniel Goleman

Evolução Cerebral e a PNL

Os 3 primeiros cérebros foram estudados e organizados em 1970 pelo neurocientista Dr. Paul MacLean e publicados em 1990. O quarto cérebro empático, também vem sendo estudado por Dr. Rizzolatti, Dr. Keysers, Dr. Ramachandran, revelando o poder dos "Neurônios Espelho" que é um salto genético na nossa espécie. Abordarei apenas alguns itens.

– Onde se manifesta o medo? Como ativar a empatia e a coragem?

1. Quando a pessoa está com muito medo, ativa o "cérebro primitivo – o reptiliano", que está ligado a sobrevivência, ao instinto de fuga, luta ou paralisação. O primitivo também é responsável pelas sensações de fome, sede, sono, excreções, etc.

Por isso os animais neste estado, quando estão diante de um perigo evacuam ou fazem xixi, para sua autoproteção. Se caso necessitarem enfrentar ou fugir, o corpo estará mais leve.

Pessoas atuando nesta parte do cérebro, diante de um medo extremo, tem diarreia ou fazem xixi nas calças. E se esta sensação de medo não é canalizada saudavelmente, ela irá somatizar em algum órgão - neste caso os rins, afetando a bexiga, dores na lombar, problemas intestinais, hemorroidas, etc.

Este primeiro cérebro é dos animais de sangue frio: os répteis. O crocodilo come o próprio filho se tiver fome. Não tem instinto de proteção ao próximo, a não ser o próprio – é o egoísmo puro. Necessário para a sobrevivência primal.

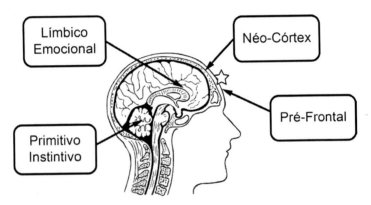

2. Segundo cérebro – "límbico ou emocional". Muito importante, ainda egoístico mas responsável pelo início da afetividade. O mamífero que amamenta seu filho e preserva a vida dele, mas pode deixar o da outra espécie morrer. Pessoas que matam em nome do amor, em nome de Deus. Crises emocionais intensas sem controle – ama e odeia, às vezes no mesmo dia. Só gosto e respeito se a pessoa fizer o que quero, senão farei algo para o outro sofrer. É o início da vida em sociedade e manutenção da espécie.

3. Terceiro cérebro – "neocórtex – cérebro racional, intelectual", mais recente e muito dominante hoje em dia. Surge a era da tecnologia, informática, o pensamento abstrato e a capacidade de gerar invenções. Aprende a questionar antes de agir impulsivamente. É o início da importante reflexão. Muitas vezes pode se tornar muito analítico, calculista e pouco empático. Mas foi um salto na evolução e preservação das relações.

4. Quarto cérebro – "pré-frontal ou lobo empático". Este é o mais recente e inovador, pois traz a proposta de se colocar no lugar do outro autenticamente. Até então, havia a presença do "amor condicional" e este traz a abertura do centro cardíaco com o desabrochar da solidariedade e do Amor Incondicional tão difundido pelos mestres – Budha, Jesus, São Francisco, Madre Tereza, Irmã Dulce, Chico Xavier, etc. Este é ativado com a doação, meditação, oração sincera, reconexão com a Natureza.

A PNL se apresenta no 3º. e no 4º. cérebro.

Temos as características dos 4 cérebros dentro de nossa memória celular, por isso, muitas vezes oscilamos entre querer fugir, atacar, desaparecer, morrer, matar (mesmo que seja em pensamentos), também atos de amor, solidariedade e empatia... e está tudo certo.

– Qual destes cérebros irá atuar com mais intensidade? Qual deles prevalecerá?

Aquele que alimentarmos diariamente, por meio de estudos, comportamentos, pensamentos, hábitos, escolhas, amizades e ambientes.

Isto é algo que desenvolvemos, aperfeiçoamos dia após dia. Aqui reina a evolução humana. O livre arbítrio em ação.

– De onde vim? Onde estou? Para onde quero ir?

A Bondade Divina

Sinta a abundância de ar que existe ao seu redor...

Feche os olhos e sinta... respire a abundância de ar ao seu redor...

O Universo é justo. Ele não julga quem você é, qual a sua religião, nem a sua cor, nem a sua profissão.

Tem ar para todos, incondicionalmente...

Mesmo quando optamos por parar de respirar...

O ar continua existindo...

Para quem quiser respirar...

Respire conscientemente...

Sinta o ar entrando tranquila e profundamente...

E saindo livre e naturalmente...

Inspire calmaMente... e expire relaxando...

"O ar é como Deus... não vemos, mas sem Ele não podemos viver".

Dica milenar do Yoga para relaxar partes do corpo ligadas ao instinto:

– Como?

Brinque de contrair e relaxar o músculo anal...

Por várias vezes.

Sincronize com a respiração. Inspire e contraia... segure.

Expire e relaxe devagar... mantenha.

Inspire contraindo e pense: – Calma!

Expire e relaxe devagar... mantenha.

Inspire: – Calma! Expire e relaxe...

Descanse!

Repita diariamente até ter o controle muscular desta região. Pode fazer também com a região genital.

Efeitos: auxilia muitíssimo no controle das excreções, aumenta a circulação sanguínea desta região, beneficiando todos os órgãos e glândulas do abdômen e quadril. Melhora o prazer sexual.

Permita-se sentir prazer... consigo mesmo.

Não custa nada... e é saudável.

"A vida, para ser bela, só depende de você!"

Anônimo

De Bem Com a Vida

Qual Cérebro foi Usado nesta Situação?

No trânsito do Rio de Janeiro

Toni, casado com minha prima Cleuza, levantou esperto para mais um dia de trabalho. Morando na Barra, tendo compromissos importantes no centrão da cidade, precisou sair um pouco mais cedo do que o habitual.

"Saí de casa para ir trabalhar. Trajeto da Barra para o centro da cidade. Quando estava entre um túnel e outro, o trânsito parou... havia acontecido um acidente. Os carros não íam nem para frente, nem para trás. Que doidera!

– O que fazer? Um tempo atrás eu ficaria maluco, nervoso, desesperado.

Como aprendi na terapia, preferi relaxar. Viver o Presente.

Comecei a observar o que acontecia ao meu redor. Foi interessante e engraçado, pois consegui perceber como eu era e o que eu fazia antigamente.

Três pistas só de ida ... olhei para o lado e o que vi?

Um carrão com um homem espumando de raiva. Gritava sem parar: - Sai da frente... vamos andar... tenho compromisso... etc, etc.

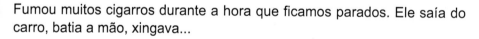

Suas veias do pescoço só faltavam estourar... o rosto vermelho... suando...

Fumou muitos cigarros durante a hora que ficamos parados. Ele saía do carro, batia a mão, xingava...

E no outro carro vi uma mulher acomodando-se, pegando um livro serenamente e ali ficou todo o tempo lendo tranquilamente, aproveitando o precioso tempo.

Fiquei olhando para o ritmo da mulher que, naturalmente, parece ter percebido... ou entrado na mesma frequência que eu, pois ela olhou e mostrou o livro. Fiz sinal de positivo, sorrimos...

Assim aproveitei meu tempo para relaxar e ouvir música.

E aquele homem só faltava infartar. Resolvia alguma coisa ele "se estressar"?

– Não! Porque a hora que liberou o trânsito, todos nós pudemos andar.

Ele, eu e a mulher que estava tranquilamente lendo. Para mim, e provavelmente para aquela mulher, o tempo passou rapidamente. Para aquele homem "forte", deve ter sido uma eternidade. Tanto ele como eu e muitas outras pessoas tínhamos compromissos importantes...

– Paciência!

E, então, percebi que somos completamente responsáveis por nossa saúde e bem-estar. Tudo depende como encaramos os fatos e "reagimos" aos acontecimentos da vida.

Antigamente, eu era desesperado como aquele senhor... vivia agitado, com o estômago ruim... uma úlcera, taquicardia, dor de cabeça e não chegava a lugar algum... pelo contrário.

Hoje, fazendo terapia, ouvindo mais minha esposa... aprendi a modificar minha percepção de vida, fiquei mais tranquilo, calmo e minha vida tem rendido muito mais. Estou mais saudável. Até meus negócios melhoraram.

Posso dizer que corro menos agora. Tenho tempo de ir para "Mauá" (serra) nos finais de semana... e curtir muito mais a família e os amigos."

Toni chegou ao compromisso, desculpou-se e justificou-se pelo atraso... com bom humor e uma história interessante para contar. Aquele homem, se não infartou pelo caminho... chegou ao trabalho soltando fogo pelo nariz. Que dia ruim! Podia ter compromisso até com a pessoa mais importante do mundo... iria resolver alguma coisa ficar naquele estado? Ele estava fixado no seu cérebro primitivo e emocional.

E o Toni e a moça da leitura?

Princípio 10 x 90 : Stephen R. Covey

10% são acontecimentos externos.

90% é a sua reação a estes acontecimentos.

A qualidade da sua vida depende de suas reações aos acontecimentos.

Mude de Sintonia

Se a frequência da sua vida está ruim... podemos nos sintonizar com outras. Assim como mudamos a estação do rádio, o canal da TV, o link do computador, escolhendo algo mais agradável. O controle remoto está em nossas mãos. Escolha com mais Consciência.

3 Atitudes para Ficar "De Bem com a Vida"

– O que é preciso fazer ou deixar de fazer para eliminar o excesso de estresse?

1. Mudar os pensamentos de desespero...

– Ah! Mas daí não estou sendo realista... estou me enganando.

Não quero que você se engane. Quero apenas que você se pergunte quando estiver com a cabeça quente: – Vai adiantar alguma coisa eu pensar desta maneira agora?

Se a resposta é SIM, então PARE tudo e dê total atenção.

Se a resposta é NÃO, então mude o foco da mente e relaxe.

2. Olhe para o céu e Respire soltando o ahhhh... de 5 a 10 vezes... isso traz calma imediata.

3. Concentre-se no que vale a pena viver no momento: O PRESENTE.

> *"Se o que te preocupa não tem solução, para que se preocupar?*
> *Se o que te preocupa tem solução, para que se preocupar?"*

Ex.: Tenha um bom livro, vídeo ou áudio no carro, no ônibus ou no avião.

Aproveite para meditar... respirar e relaxar...

Escreva desabafando seus sentimentos... ou faça uma poesia... ouça uma bela música... ou aprecie o céu, o ambiente. Seja mais criativo e Saudável.

Vânia Lúcia Slaviero

"Orai e Vigiai!" Jesus

Vigie os seus pensamentos e não o que o vizinho está fazendo.

Tudo começa no pensamento. Tenha pensamentos mais serenos e terá mais serenidade no corpo.

Precisa de treino. Não é na primeira vez que você obterá sucesso. Pratique e sua vida melhorará.

Sabia que o que se repete várias vezes na sua vida, é porque você ainda tem algo a aprender com aquilo? Tudo vem para nos ensinar algo.

"Devemos proceder a correção em nós mesmos
antes que o mundo nos corrija".

Leocádio J. Correia

Gritoterapia

Uma aluna de yoga tinha enxaqueca há 5 anos, quando veio em minhas aulas. Já havia feito de tudo. Uma mulher muito educada, com filhos e marido em uma vida social intensa. Quando fazíamos o "Sopro Há", na aula, ela não conseguia. Saía um som muito fraco e tímido e ela ria de si mesma, sentindo-se envergonhada.

Um dia, ela veio com dor e falei: – Já que você tem vergonha, então grite dentro do carro. Feche as janelas e grite.

Depois da aula, ela me telefonou: – Vânia, eu gritei muito no carro e foi até engraçado. Um motoqueiro parou do meu lado, de repente, quando o sinal fechou e eu estava gritando... você nem acredita - gritamos juntos dando risada. Foi muito bom. A dor de cabeça foi embora.

E assim ela perdeu a vergonha e aprendeu o poder do grito na hora certa. No caso dela, a enxaqueca era causada pela falta de liberação das emoções. Segurava tudo. Boazinha, ajudava todo mundo, menos a si mesma. Aprendeu a parar e relaxar, respirar... e se curou da enxaqueca. Ficou mais bem-humorada em casa. Menos perfeccionista com tudo e todos. Que alívio.

Teve coragem de se libertar. Mas para isso precisou praticar.

É fundamental conhecer a si mesmo, mudando o "ciclo interno" dos hábitos e pensamentos, por mais fortes que eles sejam. As tensões muitas vezes vão embora com um simples mudar de pensamento, ou silenciando... mas se precisar, grite, chore, ande, corra, pule, fale... mas na hora certa, do jeito certo e com a situação certa... não descarregue em quem não merece.

"Uma pessoa que nunca cometeu um erro, nunca tentou nada novo."

Einstein

Gritoterapia, choroterapia, risoterapia. Faça no carro, no banheiro, no meio do mato... por que não? Depois de extravasar, relaxe! Aprender a canalizar a energia do corpo é saudável e temos várias maneiras de fazer isto.

"O erro é o acerto em processo."

Como Aprendemos?

O que nos faz seres em constante evolução é também a capacidade de aprender e inovar. Inspirados no programador neurolinguístico Robert Dilts, vamos praticar esta vivência para obter o resultado desejado.

Apoie o livro à sua frente.

1. Cruze os braços da forma como você está acostumado a cruzar.

2. – Pronto? Observe como é. – Que braço fica em cima? Não importa qual seja. É fácil, não é?

Vamos dar o nome para este jeito natural de cruzar os braços, de X.

3. Desfaça em câmara lenta e agora cruze ao contrário.

Do jeito que você "não está costumado". Faça lentamente.

Estranho? Complicado?

Vamos dar o nome para este jeito novo de Y.

4. Desfaça em câmara lenta. Solte os braços.

5. Cruze novamente do jeito novo Y, um pouco mais rápido.

Desfaça.

Cruze novamente do jeito Y, mais rapidamente. Desfaça.

6. Repita este procedimento 6 vezes, cada vez mais rápido.

Relaxe e cruze de novo do jeito Y.

– Como se sente? É tão difícil quanto no começo? Mais fácil, não é?

7. Agora, por favor, cruze daquele primeiro jeito - X.

Alguns agora precisam pensar como era o X. – Por quê?

Já fez outro programa mental, o Y.

Muito bem! Agora você pode cruzar os braços dos dois jeitos, X e Y.

Só precisou de um pouco de treino, disciplina e repetição, como tudo na vida.

É assim que se programa e desprograma hábitos. Use a PNL a seu favor.

Sabia que até para ser mal-educado precisa de treino e para deixar de ser também?

O cérebro aprende por repetição.

Mais ou menos 6 vezes repetindo a mesma coisa, o cérebro generalizará.

E, às vezes nem precisa de tudo isto.

Dá trabalho no início, mas vale o investimento da perseverança, paciência e dedicação.

Melhor investir um pouco do seu tempo agora, para melhorar, do que chorar mais tarde com resultados ruins por causa de hábitos péssimos.

Nossa mentalidade só pensa no imediatismo. Não percebemos que se investirmos em bons comportamentos, bons relacionamentos, poderá ser muito bom no Presente e econômico no Futuro.

– Por quê?

Porque precisaremos de menos médicos, menos terapeutas, menos remédios, menos objetos materiais, sairemos do círculo vicioso das massas, onde tudo é moda, marca, a onda desenfreada de muitas propagandas que não pensam em qualidade, apenas no consumo frenético.

"Insanidade é: fazer a mesma coisa dia após dia
e esperar resultados diferentes".

Einstein

PARA QUE?

Pergunte-se: - Para que preciso isso ou aquilo?

Adquiri um hábito na hora de comer algo fora de casa ou quando vou comprar algo.

Pergunto-me: – Se eu não comer isto vai me fazer falta? Se eu não comprar isto vai me fazer falta? Estou realmente precisando disto? Eu posso viver sem isto?

É claro que "às vezes" como e compro supérfluos... mas isto é uma "exceção" no meu dia a dia e não uma "regra". Sei que ainda tenho muito a melhorar.

Fui sempre assim? Negativo.

Precisei de força de vontade e disciplina, para ter consciência de como um Ser Humano funciona - corpo e mente - e minha influência no meu corpo e no Planeta.

Um processo de autoconhecimento, onde me sinto engatinhando. Precisei saber e priorizar o que é mais útil na minha vida para poder realizar com mais tranquilidade a minha missão. Tudo então se transforma em uma simples questão: dependendo de quais são meus valores, farei minhas escolhas.

Meditação Reflexiva

– Quais são seus valores essenciais?

– Estão alinhados com seus objetivos de vida?

– O que precisa fazer ou deixar de fazer para melhorar e se alinhar mais ainda?

*"Em vez de se tornar um homem de sucesso,
tente tornar-se um homem de valor".*

Einstein

Perdão e Libertação

"Per" significa ir além, através de. Quando dizemos "per feito", está além de feito, melhor do que feito.

E quando dizemos perdoar = é ir além de se doar. O ato de "perdoar" é um ato de doação autêntica. Ainda estamos aprendendo e é nosso grande desafio na Terra, segundo Jesus.

Deepak Chopra confirma o que muitos Mestres nos ensinaram: "Toda doença tem origem num estado de não perdão e sempre que ficamos doentes, precisamos olhar à nossa volta para vermos a quem precisamos perdoar".

Eu acrescentaria que a pessoa a quem MAIS temos dificuldade de aceitar, perdoar, conviver... é aquela que mais temos "aprendizados" a fazer a nosso próprio respeito. Portanto... não adianta mudar de cidade, sair de casa, suicidar-se... Fugindo estaremos apenas adiando o reencontro, com esta pessoa ou com alguém muito semelhante, para fazermos de uma vez por todas, o aprendizado necessário a nosso próprio respeito.

Quando nos colocamos de verdade no lugar do outro, na sua história de vida, compreenderemos. Compreendendo, alcançamos mais possibilidade de perdoar. E perdoando, nos libertamos.

Perdoar significa fazer empatia, compreender, soltar, desistir... deixar ir, com o coração e não só com o pensamento.

Não precisamos saber COMO perdoar. Tudo o que necessitamos fazer é estarmos "dispostos" a perdoar. O Universo cuidará do "Como".

O autoperdão é fundamental. Perdoar a si mesmo pode ser o primeiro passo. Para isto, precisa se olhar por inteiro, com coragem.

Empatia é a habilidade de vestir as sandálias do outro... sem julgamento... sem pré-conceitos.

Uma semente só se torna uma flor na hora certa, quando está pronta, amadurecida... senão ela será um broto ou um botão, mas nunca uma flor na sua totalidade da expressão.

Se todos os dias arrancássemos a semente para ver se ela está germinando, mataríamos a flor antes mesmo de ela ver a luz do Sol.

Assim somos nós... a cada dia estamos evoluindo, aprendendo...

Não adianta regarmos demais nossa semente, senão nos afogaremos...

Não adianta nos lamentarmos porque as outras estão se abrindo e nós ainda não, senão perderemos o aprendizado de cada fase.

Aquela flor que já está aberta, exalando perfume, também foi plantada, também ficou na escuridão debaixo da terra e só no momento certo é que desabrochou. E um dia, deixará de existir como flor... se transformando constantemente.

Devemos respeitar cada fase, cada dia após o outro... com muito carinho e respeito, com muita aceitação... só assim poderemos exalar o nosso perfume, cada um no seu momento. Senão todas as flores iriam florir no mesmo dia e os outros dias ficariam vazios e sem cor.

Cada um de nós, no seu tempo. Evite comparações.

"Deixe a cada pássaro o seu voo".

Leocádio José Correia

Importante Reforçar

Se você vive com alguém e a relação está ruim ou se no seu trabalho tem alguém com quem a relação não é muito boa, pergunte-se:

– No meu comportamento:

– O que inicia... ou dispara... ou reforça... ou mantém... o comportamento da "outra" pessoa?

– O que posso fazer ou deixar de fazer para melhorar isto?

Então, vá mudando o SEU comportamento até obter uma resposta melhor.

Na rua...

Observe uma flor... mesmo empoeirada pela poluição...

Descubra a beleza da flor que está empoeirada... mas presente...

Sensibilize seus olhos para a pureza da sua cor...

Para o aroma que ainda resta em suas pétalas...

Que buscam em meio a multidão...

Levar mais alegria e beleza para cada coração...

De Bem Com a Vida

Tecnologia de Ponta: Submodalidades

Submodalidades é a chave da magia interior. Grandes mudanças acontecem em um curto espaço de tempo.

Experimente uma pitada:

Pare tudo e pense por instantes em uma cena de um filme de terror. Traga à sua mente. Relembre.

Perceba as características dela (tamanho, cores, movimento, sons...).

O que sentiu quando viu esta cena pela primeira vez?

Agora, lembre-se desta cena: Tire o som dela e distancie-a de você até ela ficar do tamanho da cabeça de um alfinete. – Como ficou? Qual a sensação?

Todos os alunos dizem: – Perde o significado. Perde o poder. Curioso, não é?

A PNL desvendou um dos maiores mistérios da mente humana, que é "como a memória se estrutura". Se mudamos as características da lembrança, mudamos a emoção e a sensação vinculadas ao mesmo tempo. Isto tira pessoas de fobias e pânicos imediatamente, como uma mágica.

Cada pessoa interpreta a realidade de um jeito diferente, até mesmo os gêmeos univitelinos.

De acordo com as combinações das "modalidades: os sentidos" - Visual, Auditivo e Cinestésico - cada um fará uma mistura pessoal das submodalidades e terá um efeito muito particular, evocando uma sensação e emoção. A isso a PNL chama de Submodalidades.

Quando a pessoa conscientiza essa estrutura, ela consegue sozinha ou com a ajuda de alguém especializado, mudar pequenos tijolinhos que modificarão os resultados das emoções vinculadas em suas lembranças. Isso pode curar memórias de dor, fobias, etc...

É muito poderoso mudar submodalidades, pois muda o significado das experiências.

Ressignificamos. E aqui a PNL tem várias técnicas poderosas.

Vânia Lúcia Slaviero

Psicogeografia – Libertando o Passado

Vivência de PNL, inspirada em Robert Dilts. Sugestão: pode fazer só ou com alguém de confiança. Peça para esse alguém ir lendo cada item para você, enquanto as respostas vêm espontaneamente – a primeira que surgir.

- Faça uma lista de suas mágoas.
- Faça uma lista de suas raivas.
- Faça uma lista de suas tristezas.
- Faça uma lista de suas culpas.
- Faça uma lista de seus medos.
- Faça um círculo imaginário à sua frente, simbolizando o Presente: o agora.
- Um círculo a um passo do Presente para qualquer um dos lados, simbolizando o Passado.
- Um círculo para o outro lado do Presente, simbolizando o Futuro.
- E onde você está - no papel de Observador – outro círculo.
- Coloque em ordem os círculos, do seu jeito. Pode usar bambolês ou papéis.

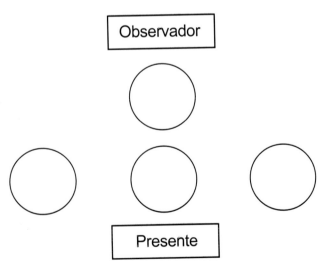

1. Escolha uma das situações que você escreveu nas listas.

– A situação que você escolheu está ligada ao Passado ou ao Futuro?

2. Coloque-a dentro do círculo referente e a veja ali.

3. Pode escrever ou buscar um símbolo que a represente e coloque dentro do círculo.

– Tem mais pessoas envolvidas ou você está só?

4. Entre neste círculo e reviva esta situação escolhida.

– Como me sinto?

– Que sensações causa no meu corpo?

5. Coloque a mão no local da sensação corporal.

Descreva esta sensação.

– Ela é quente ou fria, forte ou fraca, pesada ou leve, etc...

– Como fica a respiração?

– Se pudesse dar uma forma, imagem, que aparência ela teria? Que cor? Tamanho?

– Que nome pode dar para isto?

– O que esta situação está querendo me ensinar? Qual o aprendizado dela para mim?

6. Saia do círculo e deixe a situação ali. Faça Q.E.M.: chacoalhe-se, olhe para cima, solte um Sopro há. Volte para o círculo do Observador.

7. Guarde os aprendizados e imagine que pode transmutar, modificar este acontecimento. Use sua criatividade ilimitada.

Se necessário, diga em voz alta olhando para aquele círculo: – Eu sinto muito. Me perdoe. Respeito você. Sou grata pelo aprendizado.

– Entrego para a Natureza. Eu decreto que liberto tudo e todos ali envolvidos. Eu decreto que isto acabou.

– Está feito! Está feito! Está feito!

E imagine aquilo dentro de uma balão e assopre-o para o infinito do céu azul... até ficar um pontinho muito distante ou desaparecer.

Pode repetir com cada situação escrita na lista. Ou as mais relevantes para o momento.

Quando ensinamos a estratégia para o cérebro, ele aprende e fará com as outras situações também. Basta dar o comando. Nosso cérebro é neuroplástico e muito sábio. É o maior e melhor biocomputador do Universo. Somos imagem e semelhança do Grande Criador do Universo. Acredite em seu potencial infinito.

São como aplicativos poderosos sendo instalados em seu biocomputador. Atualize sua preciosa mente.

Psicogeografia – Aqui e Agora

Variação – Conscientizando o Presente

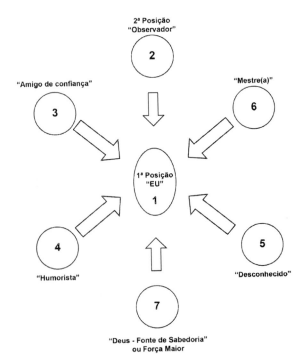

De Bem Com a Vida

1. Faça o círculo 1 ao centro: entrar e colocar-se no momento Presente. Dia de hoje. Referente a 1ª. Posição na PNL - Eu no Aqui e Agora.

– Como me sinto neste momento? Como está minha postura corporal e meu diálogo interno? Sem julgamentos.

Q.E.M. - Quebra de Estado Mental: olhe para cima e solte bem o ar.

2. Faça o círculo 2 - Local neutro de Observador - (2ª. Posição na PNL).

3. Escolha pessoas (personagens) que representem os papéis de: amigo(a) de confiança, humorista, desconhecido(a), Mestre(a) e Deus (se acreditar) ou "algo" que represente a conexão com o sagrado.

Da posição do Observador (2) - projetar cada um destes personagens em cada círculo - um de cada vez.

Círculo 3 - Amigo(a) de Confiança: Imagine ele(a) lá. Faça de conta que pode ser ele(a) agora. Peça permissão e entre no campo dele(a), como se fosse ela(e) – modelar a postura e tom de voz deste personagem, sem julgar. Fazendo de conta que é este personagem (3ª. Posição na PNL), envie uma mensagem para o centro do círculo (1) – aquele você que lá está no Presente; imagine aquele(a) você recebendo a mensagem.

Agradeça e volte para o círculo do Observador - Q.E.M.: Olhe para o céu e solte bem o ar pela boca... ahhhh...

Círculo 4 - Humorista: Imagine ele(a) lá. Faça de conta que pode ser ele(a) agora. Peça permissão e entre no campo dele(a), como se fosse ela(e) – modelar a postura e tom de voz deste personagem, sem julgar. Fazendo de conta que é este personagem, envie uma mensagem para o centro do círculo (1) – aquele você que lá está no Presente.

Agradeça e volte para o círculo do Observador - olhe para o céu e solte bem o ar pela boca... ahhhh...

Círculo 5 - Desconhecido: Imagine ele(a) lá. Faça de conta que pode ser ele(a) agora. Peça permissão e entre no campo dele(a), como se fosse ela(e) – modelar a postura e tom de voz deste personagem, sem julgar. Fazendo de conta que é este personagem, envie uma mensagem para o centro do círculo (1) – aquele você que lá está no Presente; Imagine aquele(a) você recebendo a mensagem.

Agradeça e volte para o círculo do Observador – olhe para o céu e solte bem o ar pela boca... ahhhh...

Círculo 6 - Mestre: Imagine ele(a) lá. Faça de conta que pode ser ele(a) agora. Peça permissão e entre no campo dele(a), como se fosse ela(e) – modelar a postura e tom de voz deste personagem, sem julgar. Fazendo de conta que é este personagem, envie uma mensagem para o centro do círculo (1) – aquele você que lá está no Presente; imagine aquele(a) você recebedo a mensagem.

Agradeça e volte para o círculo do Observador – olhe para o céu e solte bem o ar pela boca... ahhhh...

Círculo 7 - Deus ou Espaço Sagrado: Imagine Ele(a) lá. Faça de conta que pode ser esta Presença agora. Peça permissão e entre no campo, como se fosse Ele(a) – sem julgar. Fazendo de conta que É este personagem, envie uma mensagem para o centro do círculo (1) – aquele você que lá está no Presente; Imagine aquele você recebendo a mensagem.

Agradeça e volte para o círculo do Observador – Olhe para o céu e solte bem o ar pela boca... ahhhh...

4. Quando enviar todas as mensagens de todos os personagens, retornar ao centro círculo (1) e receber uma mensagem de cada vez, virando-se para os personagens.

Reconheça, agradeça e registre as sensações.

5. Quando receber todas, sinta a sensação presente. Perceba os efeitos em seu corpo e mente.

6. Agora, crie uma frase que seja a síntese de todas as mensagens recebidas. E faça um gesto para ancorar o momento.

7. Repita 3 a 6 vezes sua frase e gesto, para criar um caminho neurológico. Novo Código.

8. Imagine-se no Futuro levando estas sabedorias (Ponte ao Futuro).

9. – Qual será o seu comportamento... a sua atitude tendo estas Sabedorias Conscientes a partir de agora?

Agradeça e volte para o Presente (dia de hoje), trazendo estes aprendizados.

Faça esta vivência com todos os outros itens das listas.

Sem pressa! Realmente terá excelentes resultados se fizer com calma e atenção plena.

Muitos desafios interiores e exteriores poderão ser descortinados.

Liberte o passado. Limpe seu coração. Viva melhor o Presente.

Balões do Desapego

Sente-se confortavelmente...

Leve o ar até as partes de seu corpo que precisam se soltar mais...

Inspire lenta e profundamente e solte bem o ar em um bom suspiro... Aaaahhhh...

Enquanto você mantém este estado de consciência respiratória, imagine em cada uma de suas mãos, um balão.

Mão esquerda um balão.

Mão direita outro balão.

Pense em uma situação que o tenha "incomodado" hoje ou no passado.

Coloque a situação dentro de um dos balões que você escolher.

Imagine a cor dele... a forma e o tamanho. Se tem som...

Coloque um rótulo... dê um nome para ele...

Muito bem. Respire fundo – solte bem o ar... e olhe para a outra mão.

No outro balão, coloque uma situação "agradável ou neutra" que também tenha acontecido...

Imagine a cor... forma... tamanho... som...

Coloque um rótulo, um nome para este balão que combine com o acontecimento.

Imagine-se, segurando o fio de cada um deles nas respectivas mãos. Relaxe os ombros.

Olhe para o balão da "mão direita".

Veja aquela situação...

– Qual o aprendizado desta situação? O que este acontecimento quis ensinar?

Capte a primeira resposta que vier.

A resposta pode ser uma sensação, uma imagem, ou uma voz lhe dizendo algo.

Guarde o aprendizado dentro de você, num lugar especial que escolher neste momento.

Agora respire... solte bem o ar... e olhe para o balão da "mão esquerda".

Veja aquela situação...

– Qual o aprendizado desta situação? O que este acontecimento quis ensinar?

Capte a primeira resposta que vier.

A resposta pode ser uma sensação, uma imagem, ou uma voz lhe dizendo algo.

Quando estiver em contato com os dois aprendizados, agradeça aos dois balões.

Prepare-se para um momento muito importante... inspire e solte o ar... ahhh... soltando os balões.

Veja-os flutuando na direção do céu azul. Inspire e assopre cada um deles para o infinito do céu. Assopre quanto for necessário.

Perceba suas sensações internas ao vê-los desaparecerem no céu azul. Aceite toda e qualquer emoção, naturalmente.

Peça ao Universo para se encarregar de transformador estes balões e seus acontecimentos em pura Luz, cura... libertação.

Imagine como será viver sem isto...

– Como será usar estes aprendizados no futuro?

Shakespeare dizia:
"Não existe o bem ou o mal, é o pensamento que os cria".

Esta vivência é muito boa para quem gosta e tem o costume de ficar remoendo o passado.

Remoendo principalmente situações desconfortáveis.

Muitos perguntam: - Tive dificuldade de liberar os acontecimentos bons, por que soltá-los também?

Respondo: - Bons ou ruins são apenas julgamentos mentais...

Aprenda a se libertar de qualquer coisa boa ou ruim. Quando liberamos, abrimos espaço para o novo chegar.

Assim, quando tiver que se desapegar de algo de que gosta muito, sofrerá menos... estará mais livre para deixar ir.

É um excelente exercício de desapego.

As pessoas muito apegadas têm dificuldade de soltar o balão agradável. Querem segurar, mas depois que aprendem a liberar, sentem uma sensação nova de bem-estar.

Ao liberar as emoções, conseguimos acessar mais facilmente a frequência do perdão. E assim nos libertamos também.

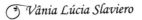

Vânia Lúcia Slaviero

Gatilhos Disparadores = Âncoras

Você já percebeu que muitas pessoas, ao ouvirem uma determinada música, dizem: – Ah, esta música me lembrou tal lugar, ou me lembrou uma situação ou aquela pessoa especial...

Ou, às vezes, sentimos um aroma e dizemos: - Nossa, esse cheiro me lembra a comida da minha infância... ou me lembra de tal lugar.

Quando vemos o semáforo ficar vermelho – sabemos que devemos parar, no verde podemos seguir.

Algumas âncoras são prazerosas e outras são traumáticas.

Ouvimos uma sirene e já pensamos em um acidente ou nos bombeiros.

Se tivemos um acidente em uma determinada rua, cada vez que passamos ali lembramos e ficamos tensos. Muitas vezes, a pessoa nem lembra mais, mas o corpo lembra. E ela diz: – Nossa, por que estou me sentindo assim aqui?

Isto na PNL é chamado de "âncoras" – são elementos que disparam memórias.

Nosso mundo é recheado de disparadores:

- Visuais: fotografias, cores, objetos, etc.
- Auditivos: músicas, sons, tom de voz, etc.
- Cinestésicos: cheiros, sabores, texturas, etc.

Estava dando um curso, e no primeiro dia de aula uma moça sentada no canto da sala, começou a chorar. Levou minutos para parar e me aproximei oferecendo ajuda. Ela disse que não sabia porque estava chorando, se acalmou e iniciei a aula. Na aula do dia seguinte, aconteceu novamente, e isto me chamou a atenção.

Então, pedi para todos andarem pela sala e observarem em detalhes se algo lhes chamava a atenção, no espaço, e se conectavam com alguma lembrança.

Foi quando essa moça se conscientizou, e falou para todo o grupo: – Meu pai ficou agonizando na cama por meses e eu cuidava dele, e no quarto tinha uma samambaia igual a esta. E apontou para a planta pendurada no canto da sala. – Só associei agora. Não havia me lembrado, mas cada vez que eu passava perto da samambaia me dava vontade de chorar.

Assim, pude trazer o conteúdo das âncoras e o grupo entendeu. E o mais incrível foi que quando ela percebeu e fez o exercício, aquilo desapareceu não retornando mais.

Funcionamos de formas curiosas. Temos disparadores de emoções e sensações agradáveis e desagradáveis. Tudo isto pode estar no subconsciente, mas podemos trazer para a consciência liberar e curar.

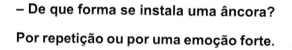

– De que forma se instala uma âncora?

Por repetição ou por uma emoção forte.

1. Repetição: Ouvindo a sirene dos bombeiros tocar várias vezes, com a informação de que é um incêndio. Quando ouço depois, em qualquer lugar do planeta, já associo a perigo, incêndio.

2. Emoção Forte: A criança ao se queimar, tocando a mão no forno quente do fogão, nunca mais colocará a mão ali. Mesmo sendo criança ela registra a âncora - generalizando. Esta será a forma de se proteger de uma emoção traumatizante.

Emoções fortes, agradáveis e desagradáveis, registramos.

A repetição só será necessária se não houver nenhum envolvimento emocional.

No esporte, nos estudos, na escola, isto fica muito evidente. – Matérias que não temos emoção alguma, precisamos repetir muitas vezes para memorizar, decorar.

Matérias ou professores encantadores, muitas vezes, basta uma só vez, e registramos para sempre.

Professores disparadores de memórias boas e ruins. – Quantos de nós tivemos?

As fobias também iniciam assim. Com disparadores de emoções muito fortes.

Ex.: ver uma cobra, falar em público, viajar de avião, etc.

Âncoras podem ser feitas e desfeitas, usando submodalidades em técnicas específicas da PNL.

A PNL tem a habilidade de ajustar alguns elementos na mente humana, ajudando as pessoas a se libertarem de determinados bloqueios.

A mente humana faz associações o tempo todo, negativas ou positivas. Principalmente diante de noticiários. Se não estamos atentos e conscientes, as notícias entram como uma programação neurolinguística negativa, causando inúmeros danos. Alguns acabam fazendo e comprando o que não precisam por causa dos disparadores de âncoras.

Ex.: tome coca-cola, ela é a felicidade. Ao ver a propaganda repetitiva, a pessoa associa à felicidade.

E a pessoa pode viciar-se e fazer uma grave doença pelo consumo de algo nocivo.

Analise neste momento quais são seus disparadores diários de sensações agradáveis e desagradáveis. O que vejo, ouço e sinto:

- Em casa.
- No trabalho.
- Nos estudos.
- Na sociedade.

Faça uma lista delas.

– Por que escolho determinados lugares para ir? Que âncoras têm ali?

– Você sabia que pode criar boas âncoras para cada área de sua vida?

Uma âncora é um botão, uma senha para o seu cérebro.

Ao repetir várias vezes algo que você quer, isso se instalará como um novo código.

Tipos de âncoras instaladas na sociedade: mãos unidas em frente do peito (reverência); grito de guerra de uma equipe; determinada roupa de um grupo; estilo de cabelo de uma cultura, etc...

Na PNL existem exercícios de desbloqueio e reorganização interior: Reengenharia interior. Aqui iremos vivenciar um que é simples e fácil, com um ótimo resultado.

Desinstalando Âncoras

Auto-observação: Localizar um sintoma que queira limpar ou dissolver ou transmutar – dor, tensão, desconforto - pode fazer sozinho, mas é melhor com alguém para conduzir.

Tocar onde mora este sintoma: Reconhecer as características (submodalidades: cinestésica, auditiva e visual).

– Como são as sensações? Temperatura, densidade, textura, etc...

– Se tivesse som como seria o volume, timbre... Se pudesse falar o que diria? Qual a mensagem? A intenção positiva de existir neste momento?

– E a imagem deste sintoma como seria? Tamanho, forma, cor, etc...

Imagine-se olhando para "isto". Faça de conta que pode por isto a um metro ou mais à sua frente para observá-lo... Então fale 3 vezes em voz alta com convicção.

– Isto eu me permiti criar inconscientemente. Eu deixei se instalar. Isto é uma criação minha.

– Eu criei. Instalei... então eu posso desinstalar, descriar. Eu quero descriar. Eu descrio, desinstalo e libero.

Como se você estivesse desinstalando, deletando um aplicativo que não quer mais no celular.

Imagine algo ou alguém poderoso que pode ajudar você a descriar agora. Use sua imaginação para limpar ou dissolver ou desintegrar ou transmutar "isto". Use sua criatividade, sua co-criação.

Afirme com convicção: – Estou descriando... desinstalando... desman-chando... desfazendo... transmutando. Ou - Estamos descriando...

Pode usar a respiração, suas mãos e movimentos para auxiliar no proces-so de limpeza.

Faça até perceber que descriou.

Agora imagine ali, no lugar, algo especial fazendo a limpeza e cura. Use sua intuição criativa. Ex.: Cores, aromas, etc.

Afirme: – Eu estou cada vez melhor, melhor e melhor.

Ponte ao futuro: Imagine-se no Futuro, estando bem. Com isso resolvido, tendo ótimos resultados.

Volte para o Presente e repita: – Está feito, está feito, está feito.

Assim foi, é e será. Acredite! Este exercício tem aliviado e curado pessoas diariamente. Pratique com atenção plena.

"Felicidade é quando o que você pensa, o que você diz e o que você faz estão em harmonia."

Gandhi

Âncoras e a Frequência das Palavras

Quando mergulho nas palavras, entendo um pouco mais o significado delas.

Muitas vezes, fico viajando dentro da linguística, sem julgamento, e sur-preendo-me com os resultados que acontecem.

Feliz + Idade = Felicidade

Paz + Ciência = Paciência

– Vamos ancorar?

Acomode-se mais. Vá soltando cada parte do seu corpo ... enquanto lê.

Solte a respiração livreMente...

Pense nesta palavra poderosa – Paciência.

Lembre momentos na sua vida em que você viveu a paciência.

Lembre-se de situações em que você presenciou pessoas tendo paciência umas com as outras e foi bom ver isso acontecendo.

Lembre-se de momentos em que tiveram paciência com você.

Sinta a semente da paciência dentro de você.

Expanda-a por seu corpo.

Faça um gesto espontâneo, ou uma respiração, ou um som que simbolize a âncora da paciência neste momento.

Sinta-se sendo a paciência... e desfrute destas sensações.

Pronto! Está ancorada a paciência. Sempre que você precisar de paciência, dispare esta âncora que você criou nesse momento. Este será o botão, a senha para que sua neurologia funcione com paciência. E se você repetir 10 vezes mais, será reforçada esta âncora e ela se tornará natural em sua vida.

Pode fazer este exercício com tudo o que quiser ancorar. Ex.: coragem, fé, amor, etc...

Meu aluno de 27 anos não conseguia viajar sozinho para o exterior. Tinha muito medo. Aplicamos os exercícios deste livro e instalamos uma âncora que para ele teve muito poder: – Eu sou forte, saudável, corajoso e feliz. E ele repetia sem parar: dirigindo, no banho... Conseguiu viajar e ainda ficou 6 meses a mais do que o previsto. Ele me disse: - Vânia, o que me deu forças para superar o medo foi a âncora - Eu sou forte, saudável, corajoso e feliz. E até hoje eu uso em qualquer situação desafiadora.

Pelé - Lenda ou História Verdadeira

Baseada em fatos reais da história de Pelé, com informações de meu irmão Glademir, torcedor nato do Santos Futebol Clube, que me revelou em suas leituras detalhes desta vida incrível, então resolvi escrever o resumo da história de Pelé e enviei a ele para que autorizasse a publicação, em 1997. Fiquei muito feliz quando recebi por fax a autorização me permitindo publicar. Aqui está um enorme aprendizado. Aproveite!

Vânia Lúcia Slaviero

– Você sabia que o Pelé nasceu de uma família muito humilde e que ele não nasceu com o "pé de ouro" como muitos comentam?

Pelé, desde criança, tinha um objetivo: - Vou ser o melhor jogador de futebol do mundo.

Treinava muito no futebol de rua, com a garotada, e ainda adolescente foi aceito para treinar em campo. Ele era até chato de tanto que treinava. Seu instrutor pedia para ele parar, encerravam os treinos e Pelé continuava batendo bola. O treinador tirava a bola e dizia para ele ir embora, e ele treinava sem bola - imaginando a bola no pé.

Ainda nos jogos de treino, tornou-se excelente no chute com o pé direito, mas com o esquerdo, não. Percebendo isso, lançou-se a um desafio. Começou a treinar desenfreadamente com o pé esquerdo, até este ficar tão bom quanto o direito (lembre-se, o uso faz a função).

Ficou ótimo com os dois pés, chutava que era uma beleza, mas era meio lerdinho. Os adversários o pegavam na corrida. Pelé que tinha em mente ser "o melhor do mundo", não olhou isto como um obstáculo, mas como "um desafio".

Lembre-se: sempre que você tiver um obstáculo, é exatamente ali que está o Desafio do seu aprendizado. Há pessoas que desistem e estas são as que fracassam.

Pelé decidiu enfrentar mais este desafio - foi treinar corrida - treinou, treinou...

– Era sacrificado? Sim, mas para ele tudo compensava, porque tinha em mente ser o melhor do mundo. Aprendeu a correr velozmente até que se tornou também ligeirinho em campo, ninguém mais o pegava.

Seu problema ainda eram as cabeceadas. Não acertava tanto quanto queria. Parou para analisar: - Por que não acerto? Preciso saber onde por a bola. Então, em vez de fechar os olhos, devo manter os olhos abertos para direcionar a bola.

De tanto treinar conseguiu. Raros são os jogadores que cabeceiam de olhos abertos. Agora ele estava poderoso. Os adversários se fortaleceram ainda mais - estudando minuciosamente Pelé, começaram a dar rasteiras derrubando-o. E isto o incomodava.

Mais um obstáculo a frente: – Opa! Obstáculos? - Vou aprender a correr e saltar sobre os obstáculos.

Lá foi ele treinar corrida com obstáculos no atletismo.

Ficou tão bom nisto também que ninguém mais o pegava.

Em campo, ele corria, ele saltava, ele driblava... ele era o melhor, como sempre quis ser. Então, os adversários ficaram mais astutos e resolveram machucá-lo em jogo - até que um dia conseguiram machucar violentamente seu joelho e alguns médicos disseram que ele não poderia mais jogar.

– O que ele fez? Não ouviu o que disseram - mentalizava firmemente que iria retornar e fez fisioterapia até nos domingos.

Se visualizamos perfeitamente o que realmente queremos, dando-nos completo consentimento, o corpo começa a responder, elaborando a química ideal para a conquista.

Ele tanto queria a cura, imaginava-se jogando e sendo o melhor do mundo, que continuou exercitando o corpo, o joelho, e isto gerou a química necessária para o seu joelho se recuperar - o corpo apenas executa os programas que nós programamos.

Enfim, ele estava de volta aos campos novamente, mas com mais um aprendizado: agora ele precisava ter uma percepção quase que "extrassensorial" - perceber a intenção dos adversários.

Quando alguém se aproximava para machucá-lo, ele já estava preparado para se defender: Sabia tirar o corpo, tendo saídas e caídas corretas no chão. Quem se quebrava era o próprio adversário.

E assim ele se tornou o Rei - o melhor do mundo - nada mais nada menos do que a consequência de seus esforços e pensamentos incansáveis desde criança.

O problema é que muitos, hoje, querem uma coisa e nos primeiros obstáculos, desistem, colocando a culpa do fracasso "totalmente" no exterior. Fracassados por tanta desistência.

Em vez de aperfeiçoar e reforçar seus equipamentos internos, como Pelé. Ele não perdeu tempo se lamentando, culpando a infância pobre, os recursos precários, as más influências, a ignorância dos outros, a malvadeza do adversário.

Ele aproveitou tudo isso para fortalecer ainda mais suas próprias condições. Tanto que ele não foi só o "melhor jogador de futebol", ele foi o melhor "atleta da época".

A diferença está somente no "jeito de ver" as coisas. Uns olham como problemas a serem evitados e desistem.

Os Pelés da vida olham como mais um "desafio" para atingir o aperfeiçoamento necessário.

Alguns dizem: - Ah, mas Pelé não é um bom companheiro na família.

Nem Einstein e nem alguns de nós. Estamos ainda na busca da perfeição na Terra. Somos bons em algumas coisas e ruins em outras... mas que nossas qualidades possam prevalecer.

Ele ajudava muitas pessoas e ainda é uma referência para cada um de nós. Quando temos um objetivo coerente, devemos acreditar que é possível...e então agir. Não esperar cair do céu.

Obrigada, Pelé, por seu exemplo!

*Nota: Autorização concedida para este livro, por Edson Arantes do Nascimento – Pelé, em 1997.

Um amigo veio até mim e disse: Pelé foi um gênio antes mesmo de nascer.

Foi o único que respirou ainda dentro do útero.

– Mesmo? Impossível. Como pode? - perguntei.

E ele respondeu sorrindo: – "Edson ArAntes do Nascimento". Rimos muito.

Pelé nos deixou no dia 29 de dezembro de 2022.

"Aprender é descobrir aquilo que você já sabe.

Ensinar é lembrar aos outros que eles sabem tanto quanto você".

Richard Bach

T.O.T.S. – Mudando Comportamentos

George A. Miller, Eugene Galanter e Karl H. Pribram, em 1960, publicaram no livro "Plans and the Structure of Behavior", "Planos e a Estrutura do Comportamento", sobre psicologia cognitiva, que foi reconhecido como o primeiro livro a usar a "metáfora de computador" fazendo conexões com o comportamento do ser humano.

George A. Miller é um dos criadores da ciência cognitiva moderna. Seus estudos sobre a linguagem estão entre os primeiros em psicolinguística. Professor de psicologia na Universidade Rockefeller, no Instituto Tecnológico de Massachusetts e na Universidade Harvard, onde ele foi presidente do Departamento de Psicologia. Karl H. Pribram, eminente cientista do cérebro, psicólogo e filósofo. Eugene Galanter foi um dos fundadores modernos da psicologia cognitiva.

Eles foram os inspiradores do método T.O.T.S. – usado na PNL, fundamentado na computação. Bandler sendo analista de sistemas, estudou as estratégias internas, para orientar comportamentos ineficientes em eficientes.

Para explicar o exercício, que é muito poderoso, vou contar de forma didática a experiência que tive com um aluno.

Não Consigo Namorar

Mudando Comportamentos

Um belo rapaz estava com 25 anos e não conseguia namorar mais do que 3 meses. Bem sucedido, com uma bela carreira, era surfista e tinha tudo para ser muito cobiçado.

Perguntei: – O que acontece?

Ele responde, cabisbaixo: – Sempre levo um fora. Não consigo me relacionar. Elas não gostam de mim.

Perguntei: – Quer trabalhar isto?

Vânia Lúcia Slaviero

Aprendendo a fazer o exercício TOTS, por meio deste exemplo.

Coloquei 2 bambolês de cores diferentes (que ele escolheu) – em sua frente – um do lado do outro no chão.

– Escolha um bambolê para representar seu comportamento ineficiente. Ele escolheu o bambolê vermelho.

– Entre nele. O que tem ali?

E ele respondeu: – Não consigo namorar, levo o fora.

Quando ele entrou no círculo, revivendo o último relacionamento, fui fazendo estas perguntas abaixo do quadro. Com um detalhe importante: não posso julgar, senão irei atrapalhá-lo.

– Qual o seu objetivo quando você conhece a moça? Ele respondeu: – Ter uma esposa. Namorar para casar.

– Como você sabe quando está conseguindo seu objetivo? Ele: – Quando começo a namorar, já na primeira semana.

– O que você faz para conseguir seu objetivo? Ele: – Já falo logo de cara que quero casar e fico na expectativa dela me ligar em seguida do primeiro encontro.

– O que você faz quando não está alcançando seu objetivo? Ele: – Fico ligando, ansioso, cobrando. E daí ela me dá o fora dizendo que estou sufocando. Eu não aguento esperar. Fico pensando sem parar. Fico muito confuso.

A postura, os ombros e a cabeça dele estavam para baixo, enquanto falava. Tom de voz baixo.

Pedi para ele sair do círculo vermelho e chacoalhar o corpo – olhar para o céu – dar uns pulinhos para "Q.E.M.: Quebrar o Estado Mental" da lembrança.

Fora do círculo perguntei: – Você tem algum comportamento que percebe que é eficiente? Que dá certo? Qualquer um.

Ele pensou e respondeu: – Pode ser o surfe? Eu surfo muito bem.

Falei: – Claro, pode ser. Escolha um bambolê para o surfe. E ele escolheu o azul.

De Bem Com a Vida

Ele entrou no bambolê azul, ao lado e pedi para ele relembrar como faz para surfar.

A postura corporal dele mudou na hora – ergueu os ombros, olhou para cima... respirou fundo...

E comecei a perguntar: – Qual o seu objetivo quando pega a prancha? Ele respondeu rápido: – Surfar... Curtir...

– Como você sabe quando está conseguindo seu objetivo? Ele: - Quando estou no mar, pegando onda, curtindo a Natureza. Ahhh que delícia... e sorriu.

– O que você faz para conseguir seu objetivo? Ele: – Respiro e fico ligado no Presente, totalmente no Presente, vivendo um minuto de cada vez, sabendo a hora de pegar a onda, a hora de relaxar e a hora de parar.

– O que você faz quando não está alcançando seu objetivo? Ele: – Relaxo e espero tranquilo a próxima onda... e fico curtindo o mar... o Presente... sem pensamentos. Só curtindo. Está tudo certo.

Pedi para ele: – Onde você sente essa sensação de bem-estar ao surfar?

Ele ergueu a postura, olhou para frente sorrindo e tocou o meio do peito.

Falei: – Mantenha esta postura e segure a mão no peito (âncora): leve esta estratégia do "surfe" para o círculo vermelho ao lado, o do "namoro".

Ele deu um passo para o lado e entrou no círculo, segurando a âncora (mão no peito).

Então fui fazendo as perguntas novamente e pedi para ele responder como se estivesse surfando - se ele esquecia algum detalhe eu repetia o que havia anotado no meu bloco.

– Quando estiver namorando seu objetivo será? Ele: – Namorar. Curtir...

– Como sabe quando está conseguindo seu objetivo? Ele: – Quando eu estiver abraçando e beijando a menina, curtindo ela.

– O que faz para conseguir seu objetivo? Ele: – Respiro e fico ligado no Presente, totalmente no Presente, vivendo um minuto de cada vez, sabendo a hora de pegar, a hora de relaxar e a hora de parar. E sorriu.

– O que faz quando não está alcançando seu objetivo? Ele: – Relaxo e espero tranquilo. Está tudo certo... suspirando aliviado.

181

Pedi para ele se imaginar no Futuro na próxima relação, levando esta "estratégia eficiente". E ele ergueu a cabeça e fez uma Ponte ao Futuro - como um Salto Quântico e se imaginou.

Os olhos dele abriram e ele começou a rir muito. Dava gargalhadas.

E disse: – Puxa vida, é só isso! Uau! E me deu um gostoso abraço.

Falei: – Volte para o dia de hoje (falei o dia), trazendo estas sabedorias para usá-las quando necessário.

Em pouco tempo, ele estava namorando e o namoro durou mais de um ano. Depois outra de 6 meses. Ficou um tempo sozinho e ele disse que foi muito bom para se autoconhecer. Viajou muito e então teve outra namorada na qual se casou. Feliz da vida.

Ele apenas tinha uma estratégia ineficiente. Adequando a estratégia... as portas se abrem.

Pratique e divirta-se!

T.O.T.S.: *Teste – Operação – Teste – Saída*

	Contexto Eficiente	Contexto Ineficiente
Qual é o seu objetivo?		
Como sabe quando está conseguindo seu objetivo?		
O que faz para conseguir seu objetivo?		
O que faz quando não está alcançando seu objetivo?		

Mapear: Contexto Ineficiente e Eficiente.

1. Responda as perguntas para este contexto ineficiente.

2. Fazer Q.E.M.- Quebra de Estado Mental: olhe para o céu ou pense em algo gostoso, etc...

3. Mapear o Contexto Eficiente. Este não precisa ter nenhuma relação com o outro. Pode ser contextos totalmente diferentes. Queremos só mapear a estratégia neuronal eficiente.

4. Depois de mapear respondendo as perguntas, ancore no corpo e transporte esta estratégia eficiente para o contexto ineficiente.

5. Colocar a Neurofisiologia eficiente lá e imaginar-se usando esta estratégia eficiente.

6. Muitas vezes, vem um *insight*, uma nova ideia, de como funcionar para obter o resultado desejado.

7. Às vezes a resposta pode demorar uma semana para vir, mas saiba que virá, pois abrimos novas possibilidades neuronais para este objetivo.

"Se o que você está fazendo não resulta no que você deseja, então continue variando seu comportamento até conseguir eliciar a resposta desejada".

PNL

Usando a PNL para Reprogramação

Quando fui casada com meu primeiro marido, eu ainda não conhecia a PNL. Meu marido fumava muito. Ele não queria parar e eu resolvi acompanhá-lo para não nos separarmos. Comecei a fumar. Cheguei ao ponto de comprar uma carteira por dia e então observei-me mais lenta, raciocínio confuso, sentia-me uma retardada em comparação a antes de fumar.

Graças a Deus resolvi parar com aquele comportamento nocivo para mim.

Mas não conseguia, já estava viciada. "Entrar é fácil... sair é mais delicado". Surgiu-me uma brilhante ideia.

Quando eu acendia um cigarro, olhava bem para ele e dizia:

— Com certeza no próximo cigarro que eu acender vou enjoar... me fará mal.

E então fumava. No próximo que eu acendia eu falava a mesma coisa com convicção. Fiz isto por um mês, exatamente. Depois de um mês, quando acendi o cigarro, ele travou minha garganta... tossi muito, enjoei, senti um tremendo mal-estar. E neste momento determinei: — Cigarro nunca mais.

Usei a PNL sem saber. Muitos sabem estratégias incríveis e podem ensinar outras pessoas a se libertarem.

Hoje até poderia voltar a fumar, mas me pergunto: - Para quê? Para me intoxicar e me escravizar?

Quem precisa comprar algo externo para ser feliz, se torna escravo. — E se aquilo faltar?

Quem fuma pode até ser uma pessoa esperta, ágil e inteligente... mas eu me pergunto:

— Quanto mais ela "será", se não ingerir tanta nicotina e fumaça quente?

Existem mil maneiras de se estar De Bem com a Vida...

Descubra a sua.

"Sou artista o suficiente para usar minha imaginação livremente. A imaginação é mais importante do que o conhecimento. O conhecimento é limitado. A imaginação envolve o mundo".

Einstein

Gerador de Novos Comportamentos

O movimento ocular mapeado por Dilts, é um dos instrumentos mais maravilhosos da PNL que ajuda a mapear, descobrir estratégias e fazer reprogramações com facilidade.

Os olhos são a única parte do cérebro exposta. Quando movemos os olhos, estamos acessando arquivos dentro do nosso biocomputador.

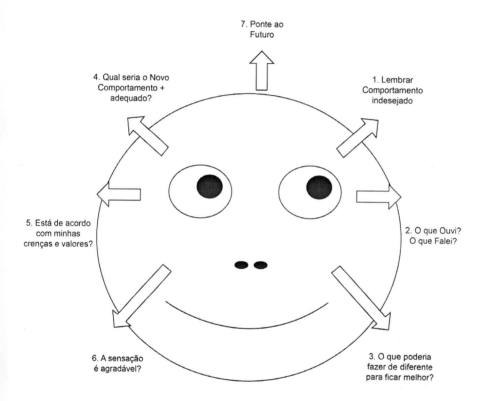

Escolha um comportamento ou situação indesejada que você tenha vivido.

1. Sem mover a cabeça, olhe para o lado superior esquerdo, relembre este fato e responda as seguintes perguntas.

2. Olhe para a diagonal esquerda: – Nesta situação o que eu ouvi ou falei?

3. Olhe para a esquerda inferior: – O que eu poderia fazer de diferente para ficar melhor? Acolha a primeira resposta que vier. Respire.

4. Olhe para a direita superior: – Qual seria o novo comportamento mais adequado? Acolha a primeira resposta que vier. Respire.

5. Olhe para a diagonal direita: – Este novo comportamento está de acordo com as minhas crenças e valores? Respire.

6. Olhe para a direita inferior: – A sensação deste novo comportamento é agradável? Respire e sinta.

7. Se a resposta é "sim" – então faça Ponte ao Futuro: Imagine-se a partir de agora agindo assim. Depois, retorne ao Presente – o dia de hoje.

Se a resposta 6 é "não" – então refaça desde o item 3, até ficar satisfatório.

Exercício de Robert Dilts com variações de Vânia Lúcia Slaviero

Quando os olhos se direcionam para cima, são acessadas as memórias visuais.

Quando os olhos se direcionam na direção dos ouvidos, são acessadas as memórias auditivas.

Quando os olhos se direcionam para baixo, à direita, são acessadas as sensações e ao olhar para a esquerda inferior acessa diálogos internos.

Por isso, ao buscar lembrar onde colocou a chave do carro, olhe para cima.

Ao buscar lembrar de tal música, olhe na direção dos ouvidos. Ao buscar lembrar do sabor de algo, olhe para baixo... e assim por diante. Descubra-se.

"Recria tua vida, sempre, sempre.
Remove pedras e planta roseiras e faz doces. Recomeça".

Cora Coralina

De Bem Com a Vida

Níveis Neurológicos

Os Níveis Neurológicos foram mapeados por Gregory Bateson e Robert Dilts. Eles mostram a estrutura da Identidade se manifestando em forma de teia sistêmica, quando a pessoa raciocina e se expressa.

Exemplos de afirmações no dia a dia, e que mostram em que Nível Neurológico ela está se referindo:

- **Ambiente:** trabalho bem em casa.
- **Comportamento:** fiz yoga hoje de manhã.
- **Capacidade:** tenho muitas habilidades em comunicação.
- **Crença:** as pessoas precisam se casar para serem felizes.
- **Identidade:** sou ótima professora.

Muitos confundem Comportamento e Identidade, podendo gerar tensão. Quando uma criança ou adolescente faz algo errado, muitas vezes ouve:

– Você é um filho ruim! (identidade).

E de tanto ouvir, acredita que sua essência é ruim e leva isto como um bloqueio para a vida adulta, se autossabotando por acreditar ser ruim. Na verdade, ruim é o comportamento e não a identidade.

– Tudo depende de como falamos. Experimente falar assertivamente:

– Este comportamento não aprovamos. É ruim e sabemos que você pode melhorar. Estamos aqui para lhe ajudar.

Esta afirmação mostra confiabilidade e solidariedade. Potencializa o poder de mudança pois encoraja a pessoa.

Alinhamento de Níveis Neurológicos

Escolha um objetivo, ou comportamento, ou situação em que queira melhorar ou ter mais consciência. Coloque no chão papéis com os 6 itens – um atrás do outro - para que você possa entrar em cada um quando fizer a pergunta.

 Vânia Lúcia Slaviero

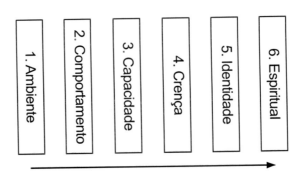

1. AMBIENTE: – Onde, quando e com quem atuo como X?

2. COMPORTAMENTO: – O que faço quando estou ali?

3. CAPACIDADE: – Como? Que estratégias uso para fazer X?

4. CRENÇA: – Por que faço X? Que valores são importantes para mim quando faço X nestes ambientes?

5. IDENTIDADE: – Quem sou eu e qual a minha missão quando faço X? Que metáfora me simboliza? Tocar e ancorar no corpo a sensação.

6. ESPIRITUAL: – O que mais e quem mais é contagiado(a) quando atuo como X?

Segurando a âncora, retornar em cada item: – O que modifica e enriquece minha experiência tendo essa consciência?

Até chegar no ambiente. E fazer ponte ao Futuro: – Como agirei a partir de agora tendo esta consciência?

Imagine-se no Futuro. Depois volte para o Presente.

Os Níveis Neurológicos são usados também para Alinhar um Objetivo, a Saúde, e também equipes empresariais ou esportivas.

"Quando estou consciente, faço as melhores escolhas, me modifico e funciono muito melhor."

V.L.S.

De Bem Com a Vida

Limpeza e Harmonização Física e Emocional

Esta técnica é de fácil aplicação e com resultado muito rápido. Ela desbloqueia os centros emocionais e energéticos, ativando os meridianos e os plexos ao mesmo tempo. Plexos são como uma central elétrica de uma casa, levando energia a todos os lugares. Por isso, esses comandos aliviam até mesmo dores...

Também pode ser usada para limpar os sabotadores internos, que impedem de alcançar os objetivos traçados.

Parte1: Limpando Desconfortos

Localize e dê um nome X ao "desconforto", ou "impedimento" que quer limpar. Comece massageando ou tamborilando mais ou menos 5 vezes os dedos, em cada ponto.

1. Falar em voz alta, ativando Ponto 1: Cardíaco = glândula timo. – Limpe este desconforto. Mesmo que não saiba as causas, afirme: - Limpe as causas de X, e as consequências.

Respire e solte bem o ar no som aaahhh, e use o Sopro Há.

2. Ponto 2: Coronário = glândula pineal e hipófise. – Limpe este desconforto. Limpe as causas e consequências.

3. Ponto 3: Abdominal e ao redor do umbigo = glândulas suprarrenais, pâncreas, ovários e testículos. – Limpe este desconforto e elimine nas excreções.

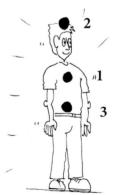

Faça 1 a 10 rodadas: o quanto sentir necessário. Aceite as emoções.

Se vierem lágrimas, solte-as e assoe bem as narinas, pois isto também é profunda limpeza. No youtube ensino o passo a passo.

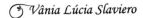 *Vânia Lúcia Slaviero*

Parte 2: Reprogramação e Harmonização

– O que eu quero, neste momento, no lugar do que limpei?

Exemplo de afirmação: - Minha consciência escolhe... Eu Sou saudável, forte, serena e feliz. Ou... Eu sou fonte de bem-estar, etc.

Respire calma e profundamente, esvaziando bem os pulmões. Relaxe o corpo. Na sua "tela mental", visualize-se já alcançando o que quer, como se já estivesse acontecendo agora o que é melhor para você.

Repita: - Está feito! Está feito! Assim foi, é e será! Gratidão!

A gratidão é a chave mais preciosa que nos leva à libertação.

Agradeça até ao desconforto, pois ele foi um alerta de algo que necessitava ser melhorado. Se vier um pensamento virótico negativo, passe o antivírus imediatamente repetindo: – Calma!

Afirmações poderosas: Eu sou corajosa, forte, saudável e feliz!

Pratique também as técnicas curAtivas TFT e EFT - Técnica de Limpeza Emocional: Dr. Roger Callahan e Gary Craig, e HQI - Homeostase Quântica Informacional: Sérgio Ceccato Filho.

"EFT produz grande benefício de cura".

Dr Deepak Chopra.

*"Não somos impulsionados pela realidade,
mas sim por nossa percepção da realidade".*

Anthony Robbins

De Bem Com a Vida

Relacionamentos

Use o TOTS se Necessário

Às 7h da manhã, em Morro de São Paulo, a ilha em que estou, encontrei um hóspede na pousada que também ia tomar café. Resolvemos conversar enquanto degustávamos algumas frutas e a água de coco. Um extrovertido carioca, jornalista. Conversamos sobre muitas coisas.

O dia estava nublado, então não havia a tentação do Sol a nos chamar para ir ao mar. Pudemos nos demorar no café. Até que chegamos a um assunto que, para muitos, é bastante abstrato: "sentimentos".

– Falar sobre o que se quer numa relação afetiva é complicado. Disse ele.

– O que acontece para se tornar complicado? Indaguei.

– Porque não depende só da gente. Ele falou.

– E de quem depende? Perguntei.

– Da parceira. Ele respondeu rápido.

– Mas, saber o tipo de relação que se quer, depende do outro? Questionei sorrindo.

– Não. Ele respondeu meio confuso. - Mas se o que desejo não encaixa no que ela deseja?

– A coisa se torna complicada se o que eu desejo não é o mesmo que o outro deseja e eu "tento encaixar" o outro no meu desejo. Comentei.

Ele arregalou os olhos e sorriu falando: – Que mistura interessante de palavras! Me fale mais sobre isso.

– Funciona mais ou menos assim...... (continuei dizendo). Entre um desejo e outro, escolho uma pessoa para ser meu parceiro. Acho que este vai dar certo. Aí pego tudo aquilo que é o MEU sonho, e começo a encaixar nele.

– Hummm... pode ser, já me vi fazendo isso! Ele falou pensativo.

E eu continuei empolgada com o próprio raciocínio que me fazia esclarecer meus sentimenos também.

— Nos primeiros dias, ou meses, o outro ainda aceita a ser o encaixe do que quero, porque ele também está fazendo isso comigo... adequando os seus sonhos a mim... e aí, de repente, vem a primeira desilusão.

DES...ILUSÃO...

— Palavra fantástica.. Ele falou.

— Realmente, porque aí eu saio da ilusão de que aquela pessoa era tudo o que eu queria e caio na real.

— Ou eu "o aceito" do jeito que é, sem querer mudá-lo, ou eu "o deixo livre", ou eu "me modifico". Fui complementando o raciocínio.

— Tenho sempre no mínimo três opções! Exclamou ele.

— É, mas não é bem isso que acontece. Geralmente ficamos insistindo que o OUTRO mude, para podermos ser felizes, não é?

E ele consentiu fazendo sim com a cabeça e disse: — Que fria!

— Realmente! Isso tudo não passa de nossas próprias projeções. Nosso lado desconhecido que ainda precisamos conhecer. Estamos nos espelhando.

— Fomos educados a olhar para fora em vez de olhar para dentro.

— Sempre olhando para fora. Quem me fará feliz? De certa forma nos conhecemos através do outro, também. Precisamos despertar mais a consciência.

Espelho

— Muitos pais fazem isto com os filhos também. Projetam suas frustrações neles, como se esses fossem obrigados a serem os seus sonhos materializados. Ele falou: — Tentei fazer isso com meu filho. Ainda bem que ele não aceitou.

— Tem pessoas que não sabem discernir "o que" são as suas necessidades e o que realmente são as necessidades do outro. Continuei: — Quando saímos da projeção, começamos a ver o outro como ele é. Com qualidades e também defeitos.

– Então começam as decepções. Você não era assim quando o conheci! Você me enganou. Ele falou.

– Exatamente isto, me enganei! Porque só eu posso me enganar. Comentei. - Não é o outro que engana. Sou eu mesmo. Eu, desesperada, coloco aqueles filtrões nos meus óculos interiores, nos meus ouvidos e vou absorvendo só o que quero, para esta pessoa mais rapidamente se adequar ao que tanto busco.

– E é claro que as ilusões uma hora acabam. Ele falou empolgado.

Começamos a rir e até o cozinheiro da pousada já estava participando da conversa.

– Por isso, é muito interessante ir em busca da autoconsciência. Assim estamos prontos para melhores relacionamentos e menos projeções... ou resolvemos ficar sozinhos por um tempo.

– E quando casamos, o que acontece? O cozinheiro da pousada perguntou.

– É imprescindível o respeito pelo que o outro é. Aceitação. Amor de verdade. Não case pensando que a pessoa, depois de casada, vai mudar. O jornalista falou.

– Isto até poderá acontecer, mas para isso "a pessoa" precisa querer. Completei. - É bom estar atento à sua forma de comportamento e relacionamentos. E, às vezes, precisamos de ajuda especializada para nos enxergarmos melhor. Para fazer este caminho de descobertas é preciso ter coragem. Continuei.

– Coragem para estar diante de si mesmo. Aceitar o que vier. Desenvolver a habilidade de perdão e autoperdão.

– O pior é que damos o nome para estas projeções malucas de amor.

– Por isso e mais um pouco que encontramos um montão de gente fugindo do "amor"? O cozinheiro perguntou.

– Ou fugindo das projeções, porque se conhecêssemos realmente o que é o AMOR, não fugiríamos. Amor de verdade não aprisiona, liberta.

– Quando projeto, faço com que me sinta dono do outro, e faço do outro o escravo de minhas necessidades. Se sinto infelicidade fica mais fácil colocar a culpa no comportamento do meu "companheiro(a)", do que nas minhas projeções.

Convidei-os a fazer uma vivência comigo, enquanto terminávamos nosso café. O cozinheio disse que faria depois, pois tinha que trabalhar. Fui fazendo as perguntas e o jornalista ia respondendo .

– O que é mais importante para você em um relacionamento?

– Quais valores?

– O que significa cada um deles para você?

– Que atitudes e comportamentos mostram que este valor existe em uma relação?

Este é um dos pontos principais para se começar uma boa relação: saber qual o seu valor maior e saber qual o valor maior de seu companheiro(a).

Pode ser diferente para os dois, ou cada um pode definir de formas diferentes, dependendo da história de vida e da cultura adquirida.

Se eu sei que "sinceridade" é o valor mais importante para o meu companheiro, então procurarei ser sincero... assim estarei em sintonia com ele(a).

Se ele sabe que para mim é o "diálogo", então poderá proporcionar mais momentos de conversa para vivermos mais harmoniozamente.

Mais importante: preciso saber se "sinceridade" para meu companheiro(a) é o mesmo que para mim. Pois segundo a PNL – muitas vezes as pessoas têm significados diferentes para as mesmas coisas.

> Dialogar é Importante
> O bom seria dar ao outro aquilo que ele gosta de receber. E é bom ele saber o que gosto de receber.

É ruim ganhar um presente que não vamos usar, ou não gostamos, não é?

Muitas vezes, violamos o outro sem perceber. É importante dialogar, senão haverá duas linguas diferentes e ninguém se entenderá. Vale relembrar este pensamento:

"Sabedoria vem de sentarmos juntos e verdadeiramente discutirmos sobre nossas diferenças, sem a intenção de querer mudá-las".

Gregory Bateson

De Bem Com a Vida

Metáfora: Ser Bom ou Bobo?

Havia uma cidadezinha na Índia, onde todos sabiam falar, até mesmo os animais.

O povoado estava em alvoroço querendo matar a "cobra" que vivia na entrada da cidade.

Um Sábio que morava nas imediações ficou sabendo do boato e foi lá para saber o porquê da situação.

Os habitantes diziam:

– Não dá mais para suportar a cobra. Ela pica todo mundo... enrola-se nas pessoas, esmaga... um quase morreu outro dia.

– Ela está espantando os visitantes.

– Todos morrem de medo. Nós vamos matá-la a pauladas!

– Calma, calma, deem-me uma chance, vou conversar com a Sra. Cobra - disse o Sábio.

– Não vá não, senão ela pode machucá-lo.

Mas, confiante, o Sábio lá se foi. Cauteloso, sabia como chegar, usando as palavras certas para ali se aproximar e já conquistando a confiança da cobra. Entre um comentário e outro o Sábio falou: – Sra. Cobra, os moradores estão revoltados com suas atitudes...

– Com as minhas? Não faço mais do que o meu papel. Faço o que meus pais me ensinaram. Ela falou.

– Mas a senhora está atacando a todos... picando-os. Disse o Sábio.

– Claro... já viu uma cobra ser diferente? Só sei ser assim.

– Minha amiga Cobra, vou alertá-la. Ou a senhora fica um pouco mais mansa... ou vão matá-la. Ele falou.

– Matar. Imagina só. Por quê? O que eu fiz? Ela estava perplexa.

— Uma pessoa ficou muito ferida com sua picada outro dia... e você esmagou um rapaz.

— Mas o que devo fazer então, Mestre? Ela perguntou.

— Fique um pouco mais mansa, seja amigável, tem tantas coisas para se fazer.

E, então, o Sábio foi embora. Passaram-se 12 meses e não se ouvia mais nenhum daqueles comentários. Ao contrário, de vez em quando o Sábio ouvia alguém dizer como a Sra. Cobra estava maravilhosa, boazinha, querida, etc...

O Sábio, espantado com a total transformação, foi fazer uma visita para conferir. E o que encontrou?

A cobra toda arrebentada, com um curativo no olho, faixas amarradas pelo corpo, banguela, com a voz fraca.

— Minha amiga cobra, o que aconteceu com você?

— Ora, Mestre, fiz somente o que o senhor me falou. Fiquei boazinha. Não piquei, servi os visitantes, as crianças me deram pauladas e eu ainda sorri. Me fizeram até de corda para brincar. Foi isso que o senhor falou: "para eu me tornar boazinha".

— Minha amiga cobra, eu falei para você se tornar mais mansa... mas "não lhe pedi" para deixar de "mostrar os seus dentes" quando viessem abusar de sua boa vontade. Tudo tem limite.

Metáfora anônima adaptada por Vânia Lúcia Slaviero.

Há pessoas que acham que ser boazinhas é isto, dizer Sim a tudo e a todos e Não a si mesmas.

Há pessoas que têm medo de "mostrar os dentes", achando que isto é ser mau, egoísta, ou que vai magoar.

Cuidado, podem acabar como a cobra!

De Bem Com a Vida

> Seja o seu melhor amigo. Respeite-se. Aceite-se. Ame-se.
>
> Saiba ser Bom... mas cuidado para não ser Bobo.
>
> *"Ama ao próximo como a ti mesmo".*
>
> *Jesus*

Sim ou Não!!!

Existem pessoas que sentem muita dificuldade de dizer Não e existem pessoas que sentem muita dificuldade de dizer Sim.

Há pessoas que costumam falar tantos Nãos, que mesmo quando gostariam de dizer Sim não conseguem, pois já estão condicionados. Os outros nunca têm vez com esta pessoa.

E há pessoas que estão tão acostumadas a dizer Sim, que quando precisam dizer Não, não conseguem e muitas vivem se sentindo invadidas, e não percebem que "se deixam" invadir.

Saber oscilar entre as duas possibilidades traz Sabedoria, Flexibilidade, Bom-humor e Saúde.

Tanto um extremo quanto o outro causam desequilíbrios na pessoa. Podem até adoecer.

> Ou são muito fechadas e não fazem troca... nada circula = Não.
>
> Ou são muito abertas e tudo entra... energias de todos os tipos = Sim.

Vivência: – Se você pudesse criar uma imagem de uma pessoa que simbolizasse a palavra NÃO, como seria?

– E a imagem de uma pessoa que simbolizasse a palavra SIM, como seria?

Depois de construir as imagens – observe:

– Você se assemelha mais a qual das imagens?

Desenvolver flexibilidade entre o Sim e o Não é um dos grandes pontos da Sabedoria.

Dizer SIM é bom, se realmente é o que a pessoa quer.

Dizer SIM com vontade de dizer NÃO pode causar muitas tensões e desequilíbrios.

Dizer NÃO com vontade de dizer SIM também.

Precisamos simplesmente ser profundamente sinceros conosco e saber usar o tom de voz adequado. O caminho do meio novamente é a prática da sabedoria. Podemos nos posicionar com gentileza, como nesta metáfora.

Metáfora: Compaixão

Rabindranath Tagore

Upagupta, o discípulo de Buda, dormia no chão, aos pés do muro da cidade de Mathura.

Todas as luzes estavam apagadas, todas as portas estavam fechadas e todas as estrelas escondidas pelo sombrio céu de agosto.

De quem eram aqueles pés que tilintavam com guizos e que de súbito tocaram seu peito?

Ele despertou sobressaltado, e a luz da lanterna de uma mulher caiu sobre seus olhos clementes.

Era a jovem dançarina, recoberta de joias brilhantes, vestindo um manto azul-claro, bêbada com o vinho da juventude.

Ela baixou a lanterna e contemplou o jovem rosto de austera beleza.

– Perdoe-me, jovem asceta. Disse a mulher. - Venha, por favor, para minha casa. O pó da terra não é um leito adequado para você.

O jovem asceta respondeu: – Mulher, siga o seu caminho. Quando chegar a hora, eu a procurarei.

De repente, a negra noite mostrou seus dentes num clarão de relâmpago.

A tempestade rugiu num dos cantos do céu e a mulher tremeu com medo de algum perigo desconhecido.

Não se passou um ano. Anoitecia num dia de abril, na estação da primavera.

Os ramos das árvores ao lado do caminho estavam cheios de flores.

Alegres notas de flautas vinham de longe, flutuando no quente ar primaveril.

Os cidadãos haviam ido aos bosques para o festival de flores.

Do centro do céu, a Lua cheia contemplava as sombras da silente cidade.

O jovem asceta andava pela rua vazia, enquanto nos ramos das mangueiras os pássaros enamorados cantavam seus lamentos insones.

Upagupta passou pelos portões da cidade e parou na base da muralha.

Era uma mulher, que estava deitada aos pés, da sombra do bosque de mangueiras?

Atingida pela pestilência negra, seu corpo marcado por feridas de varíola, ela havia sido expulsa da cidade para que se evitasse o contágio venenoso.

O asceta sentou-se ao lado dela, tomou-lhe as mãos e colocou-as em seu joelho, e umedeceu os lábios da jovem com água, e untou seu corpo com bálsamo de sândalo.

– Quem é você, tão compassivo? - Perguntou a mulher.

– Por fim chegou a hora de visitá-la, aqui estou. - Respondeu o jovem asceta.

"Eu acredito em uma coisa - que apenas uma vida vivida para os outros é uma vida que vale a pena ser vivida".

Einstein

Vânia Lúcia Slaviero

Meditação: Frequência do Amor

Vimos até aqui que podemos nos sintonizar consciente ou subconscientemente com determinadas frequências positivas ou negativas, dependendo de nossos hábitos de pensamento e comportamento. Atraímos e somos atraídos a pessoas e situações. Somos ímãs.

Sabemos por estudos milenares que o Amor cura, salva e acalma. O Amor simboliza a grande virada do Planeta em sua evolução e o resgate do Ser humano para o quarto cérebro evolutivo. O cérebro da empatia autêntica, da compaixão e da harmonia nas relações com todos os seres, inclusive com os animais e plantas.

Aqui vamos elevar a frequência nos sintonizando com a vibração do amor, que faz bem e cura nossas emoções. Esta vivência tem um poder especial, trazendo resultando imediato.

Meditação Reflexiva: Amor

Sente-se confortavelmente e responda a estas perguntas com calma e verdade.

– Qual a minha relação com a frequência do Amor?

– Eu sinto a presença do Amor na minha vida? Com família, amigos(as), animais, etc

– Como sei quando estou amando?

– Como sei quando estou sendo amada(o)?

– Qual o meu jeito de expressar amor?

– Exijo alguma coisa do outro? Imponho condições para este amor continuar existindo ou para ele existir? Ou não?

– Quais são minhas características enquanto estou amando?

– Postura:

– Olhar:

– Respiração:

– Tom de voz:

– O que falo e como falo quando estou nesta presença amorosa:

– Outros detalhes que percebo:

Meditação Reflexiva: Amor Incondicional

– O que é Amor Incondicional?

– Já experimentei uma pitadinha do Amor Incondicional? Aquele que não exige nada em troca?

Lembre-se de situações em que o Amor Incondicional esteve presente, ou quando você viu alguém amando incondicionalmente.

– Quais são as características corporais quando eu ou alguém expressa o amor incondicional?

– Postura:

– Olhar:

– Respiração:

– Tom de voz:

– Palavras - Frases:

– Como seria amar mais incondicionalmente?

– Como seria minha vida? E a do outro?

Não exigir nada em troca, não impor condições, aceitar o outro como ele é, respeitá-lo, lembrando que cada um tem uma forma diferente de ser.

> – O que eu poderia fazer hoje para sentir mais a presença do Amor?
>
> – O que eu poderia fazer hoje para as pessoas saberem que eu as amo?
>
> – Como vou me sentir fazendo isso?

Vânia Lúcia Slaviero

A Arte da Modelagem

Pense em uma pessoa que você admira, ou sente uma afinidade, não importa a idade.

Leve um tempo para descobrir esta pessoa e traga-a até a sua presença mentalmente.

Imagine-a acima da linha dos olhos, como se fosse na direção do céu. Observe-a nesta tela mental, com atenção.

– Quais as características desta pessoa que mais lhe agradam? Qualidades internas e externas.

Todos têm defeitos. Neste momento, deve considerar somente as qualidades.

Agora... imagine você lá, ao lado desta pessoa.

Compare as duas imagens...

Você vê "naquele você" as características atraentes desta pessoa que você escolheu?

Peça permissão mentalmente para esta pessoa e imagine como uma ponte, ou um arco-íris, ligando você a ela, e ela ensinando você a ter também estas características. Somente as características que você admira.

Dê um tempo para isto. Fique assistindo tranquilamente àquele você, recebedo recursos, informações, tornando-se cada vez melhor... e perceba como você vai se sentindo.

Tudo é muito rápido. Mesmo sem perceber, o fato de darmos este comando mental, nossa mente sábia já está aprendendo novas habilidades. Está modelando esta pessoa. E assim nosso biocomputador vai sendo aperfeiçoado, acessando novas informações.

Agora, veja aquele você tendo as características parecidas daquela pessoa que você admira. Características interiores, e de comportamento, jeito de funcionar.

Observe o que vai acontecendo. Como a sua imagem vai melhorando. Postura, olhar, respiração, tom de voz.

– É agradável?

Agradeça a esta pessoa que o ajudou indiretamente se sentir melhor e quem sabe melhorar suas características... obtendo melhores resultados.

Pratique esta técnica de "Modelagem" para qualquer habilidade que gostaria de ter, e descobrirá o potencial que traz em si só esperando para ser despertado.

Esta é uma forma simples de nos sintonizamos com o Campo de Informações disponível no Universo para todos.

"O maior ato de caridade que alguém pode fazer é realmente ser feliz".

Leocádio José Correia

Modelando Qualidades – Autoestima

Esta vivência é muito poderosa para fortalecer a autoestima. De Shakti Gawain, adaptada por mim.

Parte 1: Imagine-se sentada(o) em um local bem confortável na Natureza e mentalmente convide para sentar ao seu lado uma pessoa que você sabe que gosta muito de você. Não importa o sexo ou idade, se é do Passado ou do Presente.

Faça de conta que vocês olham para o céu azul, à frente e veem "você" lá, projetado como um filme. E, então, esta pessoa vai descrevendo o que ela mais gosta em você.

Como se vocês dois olhassem para aquele você ali à frente, enquanto ela descreve suas qualidades.

Parte 2: Depois, você pede permissão e imagina que está sentando no lugar desta pessoa e usando os olhos dela.

Sinta como é "se ver" com os olhos de uma pessoa que gosta de "verdade" de você.

Veja e reconheça as suas qualidades, por menores que sejam.

Guarde esta sensação em um lugar especial, dentro de você. E toque ali com suavidade.

Agradeça a esta pessoa, e volte para você com esta consciência.

Agradeça e mantenha esta sensação por todo o dia.

Diga mentalmente para esta pessoa:

– Sabe, tenho muitas outras qualidades que estão adormecidas dentro de mim... qualidades que nem eu mesmo imagino. Amanhã, se você me olhar novamente, descobrirá outras que por certo começaram a acordar neste instante. Muito obrigada.

Como eu me sentiria se todas as minhas células sorrissem nesse momento, agradecendo?

A Moça do Chapéu

Conheci Ritinha em Aruba, local onde escrevi a primeira parte deste livro. Ficamos amigas e ela me levava para jantar enquanto conversávamos sobre este livro que estou escrevendo. Quando ela me contou este fato de sua vida, pedi autorização para publicar. Achei genial.

"Vânia, logo que cheguei a Aruba, tive que trabalhar em coisas que eu nunca imaginava. Saí do Brasil com uma situação financeira boa, tinha tudo lá, só não tinha liberdade e a independência que eu queria. Vim em busca disso.

Sujeitei-me a vários trabalhos, um deles foi trabalhar no supermercado. Eu odiava. Era horrível. Chegava em casa arrasada, raivosa, detestava, "mas tinha" que ir. Era só o que me restava no momento.

Tudo pela minha liberdade!

Passei um ano mais ou menos nessa loucura. Comecei a repensar se valia a pena o sofrimento, queria morrer em vez de levantar e ir para lá, até que uma amiga me deu uma brilhante ideia.

– Ritinha, você que gosta de ficar bonita e não tem aonde ir com suas roupas de festa, fique chique para ir trabalhar. Coloque sua melhor roupa, invente alguma coisa diferente.

No início achei loucura. Ir para o mercado chique, gastar minhas roupas boas para ir trabalhar, mas eu não tinha ânimo para usar em qualquer outro lugar. No dia seguinte, comprei um lindo chapéu, coisa que não se usava lá, só alguns turistas.

Peguei as minhas roupas chiques do Brasil que eu tinha trazido para vender e que não conseguia vendê-las e comecei a desfilar pelas calçadas.

Eu não tinha carro e nem sabia dirigir, nos meus 35 anos mais ou menos. Passava pelas ruas de vestido, sapatos lindos, chapéu... sorrindo, como se fosse uma rainha, a própria dona do mercado.

Não é que o astral do mercado mudou? As pessoas vinham falar comigo, me elogiavam, adquiri respeito, ficou uma diversão ir trabalhar. Eu fiquei conhecida como a moça do chapéu.

Até o dono do mercado, que era chamado de antipático, ficou supersimpático. Fui sendo promovida. Recebi várias cantadas, até namorei homens muito interessantes. Fui morar nos EUA, depois voltei e hoje faço exatamente o que "quero".

Tenho meus 45 anos bem vividos e continuo usando chapéus. É minha marca registrada em Aruba".

Ritinha é alegre, bonita, simpática e com sucesso profissional. Faz o que gosta.

– Minha mãe sempre falou, desde pequena, que eu era esquecida. Comenta Ritinha. – E de tanto falar eu esquecia tudo mesmo. Fui a uma palestra de PNL e aprendi a ressignificar e mudar a forma de falar. Comecei a brincar, sem acreditar. Quando esquecia alguma coisa eu dizia:

— Hiii, esqueci... MAS a minha memória melhora a cada respiração. Repito mil vezes. E riu.

— Não é que melhorei? A cada dia que passa estou com uma supermemória e melhorando cada vez mais!

— Que legal Ritinha. Você é Feliz? Perguntei vendo seu sorriso lindo.

— Vânia, eu faço minha vida ser feliz... não espero pelos outros. Sou dona de mim.

— Uau! É isso! Falei, abraçando-a.

"A vida é como andar de bicicleta. Para manter o equilíbrio, você deve continuar se movendo".

Einstein

Ocitocina e Endorfinas

Lazer e Atividade Corporal

Endorfina é o hormônio que dá a sensação de bem-estar, e possibilita mais saúde ao corpo e à mente. Ocitocina é o hormônio que traz a sensação de prazer, alegria, disposição...

— Como podemos liberar estes hormônios naturalmente?

Lembre-se de que temos um corpo que é nosso veículo enquanto estamos na Terra. Nada conseguimos sem ele. Por isso, precisamos ativá-lo com atividades físicas, esportes, massagens, lazer, alimentação saudável e pensamentos bons.

Autoanálise: — Quanto tenho praticado estas atividades semanalmente?

É na atividade física, em torno de 3 a 5 vezes por semana, que ativamos a circulação sanguínea, linfática, energética, desobstruindo veias e artérias. Fortalecemos o coração, oxigenamos as células, o cérebro, os órgãos dos sentidos e, em consequência, liberamos mais "endorfinas e ocitocina".

De Bem Com a Vida

OCITOCINA e ENDORFINAS = bem-estar = prazer = imunidade = saúde.

Precisamos gerar energia... fazer circular o sangue.

Quem fica parado bloqueia a circulação, produzindo doenças, varizes, apatia, depressão, hipertensão, etc...

Busque atividades que movimentem os dois lados do corpo de forma livre e simétrica, provocando um excelente trabalho respiratório.

Pratique atividades aeróbicas e escolha as que lhe trazem maior bem-estar. No início alguns não gostam muito, mas depois se torna prazeroso.

Tanto atividades na água, quanto ao ar livre, trazem relaxamento corporal e mental. Exercícios na água não produzem impacto nas articulações... por isso são muito bons para quem tem dores articulares.

O ideal é caminhar diariamente por 30 a 60 minunos – alguns preferem no "final do dia" para descarregar as tensões do dia, tendo uma ótima noite. Outros preferem de manhã para despertar.

– E para você? O que é mais adequado? Só não pode ficar parado.

Evite fazer esporte pesado uma só vez por semana, porque pode prejudicar o coração. O coração fica quietinho toda a semana e de repente a pessoa o força por 1 hora.

Cuidado, pode dar um "piripaque".

O ideal é o esporte frequente: 3, 4 ou 5 dias por semana.

Cuidado com os esportes competitivos. Nossa cultura nos incentivou à competição e muitos professores se esqueceram de ensinar a seus alunos o significado do "perder". Claro que ganhar é bom. Mas só querer ganhar... ganhar...

– Será que em algum momento não vamos perder? Saberemos lidar com isso? O que vai acontecer?

"No esporte, quem mais perde é quem não o pratica".

Dr. Haroldo Falcão

Ressignifique: No esporte sempre estamos ganhando - experiência, saúde, amizade, descontração, endorfinas, músculos fortes, cálcio, etc...

Pessoas que fazem esportes competitivos e não sabem perder, muitas vezes vão para casa piores do que saíram... estressam-se em vez de relaxarem. Brigam e xingam.

– É este o objetivo dos esportes? NÃO !!!

– Esporte não é saúde? SIM !!!

Então, vamos aprender a nos divertir... como as crianças quando não são contaminadas pelos adultos que não sabem perder.

" A arte de ganhar e perder enobrece o Ser".

V.L.S.

Ensine as 2 facetas do esporte com muito respeito e gratidão. Mantenha o espírito verdadeiramente esportivo que é: Disciplina, força de vontade, sociabilidade, confraternização, afetividade, amizade, saúde...

Walter Franco: Mix das Músicas - Serra do Luar e Coração Tranquilo
Viver é afinar um instrumento
De dentro pra fora, de fora pra dentro
A toda hora, a todo o momento
De dentro pra fora, de fora pra dentro ... por que...
Tudo é uma questão de manter
A mente quieta - A espinha ereta
E o coração tranquilo

Memórias - Colar de Pérolas

A PNL diz que nossas memórias estão arquivadas, como em um computador muito sofisticado, em todas células, como caixinhas quânticas, repletas de experiências... não só nossas mas do coletivo. Somos uma biblioteca quântica em movimento e atemporal. E podemos acessar os arquivos com facilidade, basta saber dar o comando certo.

Ex.: **No arquivo poesias:** ali encontrarei todas as poesias que li, ouvi, escrevi...

No arquivo músicas: todas as músicas que ouvi, cantei, me sintonizei, gostei ou não... estão ali.

No arquivo piadas: ali encontrarei todas as piadas que vivenciei.

Se um conta uma piada, logo lembra de outras e cada um trará uma também.

Já ouviu uma pessoa falar:

– Quando comecei a contar minha viagem, todos quiseram contar a deles também.

Aquelas conversas em que um fala uma coisa, e o outro vem com uma lembrança a respeito do mesmo tema e assim passam as horas. Até alguém mudar o tema, assim, muda-se o arquivo mental e a conversa flui sendo alimentada.

Se não temos consciência, entramos em conversas por indução. Isso é automático.

Como saber em que arquivos estamos entrando, por quanto tempo permanecer neles, e quando sair?

Lembre-se de que somos os diretores deste filme. Fico numa cena o quanto eu quiser, e posso criar onde e com quem atuar.

Com... Centro... Ação = ConcentrAção

No mundo atual alguns dizem: – "Faço 10 coisas ao mesmo tempo". Como se isso fosse fantástico.

Pergunto: – Qual a qualidade do que você faz?

Já experimentou estudar ou namorar pensando no trabalho, nos problemas, etc? Como fica o namoro?

Já experimentou trabalhar programando um passeio que vai fazer? Já fez uma tarefa que teve que repeti-la porque ficou mal feita ou saiu errado?

Para fazer "bem feito" precisa de foco, concentração e atenção plena. Ter um ponto único de cada vez. Hoje em dia é um grande desafio.

> Com... Centro em Pré-Ocupações = Estresse
>
> Com... Centro na Respiração = Calma

Vivência: Concentração Simples

Preste atenção agora... só nos SONS do ambiente. Sem julgamento se são bons ou ruins... ouça os sons e observe a respiração.

Fique um tempo assim... uns 3 minutos. Largue o livro e continue sentindo a respiração e os sons.

Após a vivência observe como se sente.

As pessoas mais ansiosas tem muita dificuldade, mas é um desafio importante para a saúde mental.

O Tempo

Segundo a ciência, o tempo é uma convenção. O tempo é bastante pessoal e cada qual o vive de uma forma completamente diferente. Para uns o tempo é abundante, para outros o tempo é escasso.

"O que sentimos, como segundos, minutos, horas, dias e anos são fragmentos de uma realidade maior. Depende de você, o Ser que percebe, fragmentar o eterno como quiser. É a sua consciência que cria o tempo que você experimenta.

Quem sente o tempo como um bem escasso, cria uma realidade completamente diferente de quem entende que dispõe de todo o tempo do mundo.

Se você sente a pressão do dia a dia, vive ofegante, com pressa, ansioso, tudo isto é consequência da sua interpretação do tempo. Se você vive calmo, tranquilo, pressão arterial mais baixa, também é uma consequência de sua interpretação a respeito do tempo.

Quando sua atenção está voltada para o passado ou para o futuro, você se encontra no campo do tempo, criando envelhecimento. Um mestre indiano, com uma aparência notavelmente jovem para a sua idade, explicava dizendo o seguinte:

"A maior parte das pessoas vive suas vidas, ou no passado ou no futuro, mas minha vida está supremamente concentrada no presente". Quando uma vida se concentra no presente, ela é mais real, porque o passado e o futuro não se chocam. O único tempo que existe é o tempo de que se tem consciência. A pessoa que reage com criatividade aprendeu a não se identificar com a pressão do tempo".

Deepak Chopra, MD

*"Se não parar para viver o Presente por opção...
a vida o parará por obrigação!"*

– Qual é a sua relação com o tempo?

– O tempo para você é escasso, abundante ou suficiente?

Sugestão para quem tem muitas atividades: - Organize as prioridades e diga: – Hoje tenho várias coisas para fazer... e vai dar tempo de fazer tudo o que é necessário... com leveza e tranquilidade. Me vejo chegando no final do dia satisfeito e mais leve!

Estado de Presença do Ser

Quando acordamos de manhã, exatamente no momento que tomamos consciência de "estarmos acordados", em fração de segundos, existe uma presença do que "parece ser" o Nada.

Somos o Ser puramente... o Eu.

Neste momento não há problemas, não temos lembranças do que vamos fazer, do que fizemos...

Não sei meu nome... apenas SOU.

Se pudéssemos prolongar este estado seria muito interessante.

Depois de uns segundos esquecemos essa pureza e vestimos nossas máscaras de Vânia, de João, de Vera, de Maria e vamos vivendo os afazeres do dia e da noite. Assumimos papéis.

Meditação para o Despertar da Presença... ao acodar.

Sinta a respiração e mergulhe no silêncio interior. Após alguns instantes pergunte-se:

– Quem sou eu?

– Como sou?

– Para quê? Por quê?

– De onde vim?

– Para onde vou?

– Quem estou no meu dia a dia?

– O que posso fazer para ser melhor?

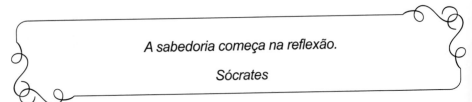

A sabedoria começa na reflexão.

Sócrates

De Bem Com a Vida

Aprendendo a Programar a Mente

O Acordar

A mente pode ser programada como um computador de última geração, altamente sofisticado. E quem programa? Você mesmo, o Ser que habita este corpo. Só precisa da tecnologia adequada. Aprendemos muito rápido, desde que tenhamos sabedoria, foco e direção certa.

Como programar a mente para acordar sem precisar de relógio, despertador, ou de alguém lhe chamando?

Muitos não conseguem nem dormir direito porque ficam pensando em tudo o que tem que fazer no dia seguinte ou o que fizeram.

Programação para ser feita antes de dormir

Tenha uma agenda e anote tudo o que precisa fazer no dia seguinte. Isto liberará sua mente de preocupações para relaxar e desligar.

Depois, imagine um relógio à sua frente, acima da linha dos olhos – na sua "tela mental". Pode até desenhar com as mãos para aumentar o poder de visualização.

Coloque os ponteiros no horário certo que quer acordar. Faça isto atento e claraMente.

Enquanto estiver mentalizando, fale com convicção:

> – Este é o horário que acordarei amanhã cedo (dia, mês e ano).
>
> – Já estou me vendo, me ouvindo e me sentindo acordando neste horário...
>
> – Acordo às (horário), animado, saudável, intuindo as melhores escolhas para o meu dia.
>
> – E durmo agora espontânea, rápida e profundamente.
>
> – Mergulho na Fonte para me reabastecer do melhor.
>
> Assim foi, É e será. Está feito!

Se tem pouco tempo para dormir, afirme:

— Tenho 4 horas para dormir, MAS é o suficiente para eu descansar TUDO quanto preciso. Estas horas renderão como se fossem 8 horas muito bem dormidas. Durmo imediatamente.

Então deitado, agora, apenas relaxe. Desligue tudo e use um dos relaxamentos que conduzo aqui no livro – soltando parte por parte do corpo. De olhos fechados. Confie, dá supercerto! No final do livro tem várias séries para serem feitas em casa.

Muitos clientes, alunos e até adolescentes que tinham muita dificuldade de acordar, e os pais tinham que acordá-los sempre para ir até a escola, hoje estão independentes. Descobriram o poder de reprogramar a mente. Precisa em torno de um mês de treino e a mente aprenderá.

Seja persistente. A mente aprende, é sua fiel amiga.

Sugestão especial

Ao acordar... fique um instante no espaço de silêncio interior. Relembre os sonhos...

Deixe vir as intuições para o dia.

Faça as afirmações com convicção:

— Eu sou forte, saudável, corajosa(o) e feliz. Intuo as melhores escolhas para o meu dia.

Eleve a postura e os cantos dos lábios... Permaneça assim.

Coloque em ação as anotações que fez na agenda, uma de cada vez. E seja mais organizado e feliz.

"A persistência é o caminho do êxito".

Charles Chaplin

Atenção Plena - Foco - Consciência

Vivência para aumentar o Poder do Foco e Atenção Plena.

Sente-se confortavelmente.

Coluna ereta, porém, relaxada.

Deixe sua respiração livre... no mínimo por 2 minutos inicialmente.

Imagine como se um balão suspendesse sua coluna... mantendo os ombros e nuca relaxados...

Escolha uma das mãos e olhe para ela atentamente.

Olhando a forma dela por alguns segundos.

Olhe a cor... e continue respirando conscientemente.

Olhando... e respirando...

Cada vez que vier um pensamento, qualquer um... seja um julgamento a respeito do que você está fazendo, seja uma crítica, seja um elogio, seja um outro pensamento referente a outras coisas...

Não importa o pensamento, não se apegue... solte-o.

Diga: – Depois penso nisso... agora estou com a minha mão.

Se precisar, imagine o pensamento dentro de uma moldura... com asinhas.

E visualize ele voando como um pássaro no infinito do céu.

Faça isto com as coisas que querem distrair sua mente.

E volte sua atenção para a "mão à sua frente".

– Qual é a forma da mão? Responda calmamente...

– Qual a função dela?

– Qual o significado dela?

– Qual é o uso dela?

Silencie e permita que as respostas venham espontaneamente.

Apenas contemple por 3 a 5 minutos e depois relaxe.

Feche os olhos. Respire calmaMente e esvazie-se.

– Como me sinto agora?

Respire Livremente...

Pode aumentar o tempo da contemplação a cada dia, descobrindo muito a seu próprio respeito e potencializando o seu poder interior.

Variação: – Concentre-se no seu pé e siga a mesma sequência.

Depois, nas costas, depois nos olhos, nariz, boca, órgãos internos.

Faça a concentração inicial descrita acima e depois pergunte-se:

– Qual a forma desta parte?

– Qual o significado?

– Qual o uso?

– Qual a função?

Nosso corpo é riquíssimo. – Já parou para pensar tudo quanto seu corpo pode fazer? Quanto as mãos são preciosas? Quanto o nariz é maravilhoso? A boca...

Às vezes, achamos que as mãos só têm a função de "pegar" e, observando bem, elas também têm a função de "dar, oferecer, fazer, criar, acariciar,..."

Os pés, muitos acham que só têm a função de andar e, observando bem... eles também podem escrever, desenhar, cozinhar e até dirigir um carro. –Você já viu? Pesquise. É sensacional.

Amplie sua bagagem mental descobrindo "n" funções para tudo o que o rodeia, e seja muito mais feliz.

Há pessoas que não se permitem meditar assim, pois se sentem culpados por não estarem fazendo "nada".

– Tenho mais o que fazer do que ficar sentado olhando minha mão... ou sentindo minha respiração!

Este "nada" muitas vezes é muito mais do que muito. É autoconhecimento.

Há pessoas que preferem começar o exercício de atenção plena, concentração ou meditação em um objeto externo: uma pedra, folha, flor, árvore, chama de uma vela, o céu...

Ajuda bastante. Práticas de yoga ensinam muitas formas de desenvolver as habilidades interiores.

Vivência inspirada no Ir. Leocádio J. Correia e no livro "O Homem - Uma Introdução à Antropologia" - Ralph Linton

---

Minha irmã Shirley, em 1997 diz: - Prefiro me concentrar no que faço. Enquanto estou cozinhando, realmente estou cozinhando - presto atenção no alimento, nas cores, formas e no meu movimento. Quando estou manipulando essências, fazendo meu trabalho (ela é química), realmente estou concentrada. A mente fica aqui no Presente. O tempo passa que não vejo e é muito prazeroso.

E hoje, sua filha Shely, tem seu laboratório de produtos veganos na chácara, e vive lindamente o Presente, produzindo e escrevendo com profunda consciência e sabedoria.

Faça do seu dia uma grande vivência de ConcentrAção dinâmica. Uma meditação.

– Como? Se dê o Presente. Quando for almoçar, almoce, no Presente.

Escolha os alimentos que o seu corpo aprova. Olhe para a cor deles. Sinta o aroma. Arrume-os no prato. Ouça os sons do ambiente...

Evite dizer ou pensar: - Ontem tinha outra coisa no almoço. Farei tal coisa depois...

Tudo isto faz a mente viajar no Passado ou Futuro... saindo do Presente.

Sinta o aroma e o sabor, desfrutando do Presente que é um grande Presente. Agradeça o alimento e a saúde para degustá-lo. É uma benção.

Vânia Lúcia Slaviero

Afirmações construtivas que podem acompanhar este momento, até ao término da refeição.

> – Estou absorvendo o que há de melhor neste alimento.
>
> – O que não é necessário ao meu corpo será facilmente eliminado nas excreções.
>
> – Todos excessos serão eliminados durante o dia de hoje, através da respiração, e quando eu for ao banheiro.
>
> – Sei escolher os melhores alimentos que possam me trazer saúde, bem-estar e beleza.

Gosto de usar este tipo de diálogo interno, o metabolismo fica agradavelmente mais leve. Use sua imaginação e a linguagem assertiva.

Uma cliente queria emagrecer, então sugeri para ela fazer esta prática e dizer cada vez que ía ao banheiro:

– Todos os excessos estão saindo de meu corpo no xixi e cocô. Tudo o que não preciso sai: excessos de gorduras, calorias, etc... estou cada vez melhor. Sou grata por estar mais saudável e bonita.

Estes dias a encontrei e ela me falou sorrindo:

– Vânia, não é que estou emagrecendo? Estou aplicando sua sugestão e converso com meu corpo todos os dias.

Fiquei feliz... para algumas pessoas dá certo...

Pratique e colha ótimos resultados.

"Aprender a se colocar em primeiro lugar não é egoísmo nem orgulho. É amor-próprio".

Charles Chaplin

De Bem Com a Vida

Eduardo Amorim

O futuro é fruto dos pensamentos plantados hoje.

Eduardo, está perto dos 40 anos em 1997, e sua história me motiva cada vez que penso nela.

Nasceu em família humilde em Belo Horizonte, com 10 irmãos, onde passavam grandes necessidades. Desde criança precisou trabalhar muito suro para ajudar em casa.

Eduardo sonhava com uma vida melhor. Assim como seu pai, um homem sonhador, vivia fazendo grandes projetos, traçando objetivos de um dia melhorar.

Ainda pequenino, sentava-se no meio fio e olhando para os aviões que passavam no céu, pensava: – Todas as pessoas devem conhecer o mundo. Quero muito conhecer o mundo.

Com 9 anos vieram para Curitiba, tentando melhorar a situação. Naquele período, tragédias e mortes repentinas aconteciam com alguns irmãos, esquizofrenia de um, divórcio dos pais e Eduardo sempre trabalhando otimista, achando que o seu mundo iria melhorar.

– De nenhuma forma as causas externas diminuíam a minha determinação de luta; eu criava "objetivos, estratégias e planos de ação" para conseguir o que havia traçado na adolescência. Paguei meus estudos com meu trabalho, fui crescendo passo a passo com retidão. Formei-me em Administração de Empresas, realizei uma carreira profissional de sucesso, dei sempre o "melhor de mim", obtive dezenas de diplomas e conheci "muito mais países" do que planejei.

As dificuldades ainda existiam: perdi o irmão caçula de maneira extremamente trágica, aos meus 32 anos. Como se não bastasse, no mesmo ano, meu segundo filho, uma menina, nasceu com Síndrome de Down.

Com positividade, pensei: – Este é meu presente. Vou amá-la e fazer dela "o máximo". Começava uma nova etapa na vida, o envolvimento com a Síndrome. Juntamente com a minha maravilhosa esposa Suely.

Vânia Lúcia Slaviero

Eduardo tornou-se diretor da Apae - Curitiba, ajudou a criar Associações e a Federação Brasileira, instituições que ele ajuda a dirigir há alguns anos. Tornou-se atuante no município, estado e país, pela causa da pessoa especial.

— Olhando para trás, penso: o que realmente me levou a obter muito mais do que eu esperava, na área profissional, financeira, política, familiar e espiritual? Acredito que foi um "sonho de adolescente", que foi traçado de uma forma que não se perdeu: determinação, coragem, garra, objetividade e humildade.

— Porém, com a ajuda de Deus, da família, da minha esposa e filhos, consegui atingir até o momento, sonhos "maiores" do que os traçados na adolescência. A luta não parou, a cada dia que passa, novos objetivos são criados, e com os meus guias: Deus e a determinação, tenho "certeza" que voarei cada vez mais alto.

O que para muitos seria uma catástrofe, para ele foi o começo de tudo. No Paraná, pouco se sabia sobre a Síndrome de Down e graças à determinação de Eduardo, hoje as famílias têm encontros semanais com excelentes profissionais, que auxiliam as famílias e as crianças, promovendo lazer, amizades, empregos para estas pessoas especiais, meio de transporte, etc...

Sua filha e filho são lindos - acompanham Eduardo e Suely em todos os lugares.

E sua empresa vai cada vez melhor e seus sócios, de muita sensibilidade e espiritualidade, enganjados indiretamente nesta missão, auxiliam Eduardo neste caminhada.

Ele, para mim, é um grande exemplo de Ser Humano. Isto é ser Cristão. Ação!!!

"Quem quer faz a hora... e não espera acontecer!"

Geraldo Vandré

De Bem Com a Vida

Consciência Corporal

*"Se um dia tiver que escolher entre o mundo e o amor
lembre-se: se escolher o mundo ficará sem o amor,
mas se escolher o amor com ele você conquistará o mundo".*

Albert Einstein

O caminho do bem-estar mental está diretamente ligado ao bem-estar corporal, e vice-versa. Ambos andam interligados e necessitam um do outro. É importante salientar que bem-estar não quer dizer perfeição corporal. Muitos, com corpos perfeitos, não alcançam o bem-estar. E muitos, mesmo com deformidades, têm o bem-estar e são felizes.

Aqui, vamos adentrar em práticas de consciência corporal auxiliando profundamente no seu autoconhecimento. São recursos que usamos diariamente na construção do bem-viver.

Como sabemos a "respiração" é a base do bem-viver.

Nascemos dando a primeira inspiração... e partimos desta, dando o último suspiro. Por que será?

Ela é a chave do autoconhecimento e do equilíbrio psicocorporal. A maioria das psicoterapias e esportes usam a respiração como foco essencial. A meditação, que hoje é muito recomendada pela medicina, usa como base a respiração. Respirar é viver, pelo menos aqui na Terra.

Respiração Para o Bem-Estar

Vivência: Inspire e expire pelo nariz de preferência, porque nas narinas temos pelinhos que purificam o ar e na boca não os temos. Inspire até sentir os pulmões bem cheios. Expanda o tórax, as costelas e abdômen...

Sinta o movimento ir até as costas... e solte o ar 3 vezes pelo nariz.

Depois faça um cone com a boca e assopre o ar para fora. Esvazie os pulmões o máximo que puder.

Auxilie a saída do ar, contraindo os músculos abdominais e intercostais.

Repita o quanto for agradável, de 5 a 10 vezes.

Em algumas expirações abra bem a boca como se fosse bocejar.

Solte sons pela boca. Sinta-se à vontade e livre para respirar como quiser.

Efeitos: excelente respiração para revitalizar e fortalecer os alvéolos pulmonares.

- Renova todo o ar residual (às vezes tóxico pela poluição) que fica depositado na parte baixa dos pulmões.

- Abrir bem a boca retira as tensões do rosto, rejuvenescendo e aumentando o bem-estar cerebral.

- Ajuda a curar bruxismo e dores de cabeça.

O Corpo Fala

Não adianta só cuidar da mente, se alguns problemas já estão somatizados no corpo físico, na memória celular. Precisamos oxigenar e limpar as células para acelerar a cura e haver real transformação.

Autoimagem

Vivência: pegue uma folha e desenhe-se, da forma que você se percebe. Desenhe seu corpo. Leve o tempo que for, sem olhar em fotos, nem espelho. A sua autoimagem (pausa para o desenho).

Muitos têm dificuldade, por não ter o hábito de se olhar sem roupa no espelho, ou se tocar. Assim, têm pouca percepção corporal. Descubra-se enquanto é tempo. Reserve este desenho. Coloque seu nome e data.

"Habite com consciência seu corpo. Seu primeiro Lar aqui na Terra."

Reflexão

– Você gosta de si mesmo(a)? Gosta do seu primeiro lar - o seu corpo tal qual ele é? Se você quer iniciar a transformação, acompanhe-me:

– Respire e sinta o seu Estado Atual: seu Presente em seu corpo.

Agora, imagine-se no Futuro como quer estar - seu Estado Desejado.

Corpo desejado é o que lhe trará bem-estar e não a referência de modelo das passarelas.

Responda: – O que pode trazer de ruim ter este corpo desejado?

– O que pode me trazer de bom?

– O que me impede de ter este estado desejado?

– Que recursos tenho e quais preciso desenvolver para alcançar isto?

– Eu me sinto merecedor de alcançar este estado desejado?

– Para que eu quero isto?

– Qual o primeiro passo que vou dar nesta direção?

Visualize-se com estas características desejadas... faça um desenho ou colagem de seu rosto com o estado desejado. Coloque na parede ou no computador. Visualize.

Faça diariamente a mentalização acima, mesmo quando estiver andando.

Você pode alcançar, como muitas pessoas conseguem, ou, no mínimo, conquistará maior disposição interna e se aproximará do que é bom para você, superando obstáculos para construir o seu melhor. Comandos mentais nos aproximam dos nossos objetivos. Dê atenção a si mesma(o).

Se vierem programações internas viróticas, limpe-as.

Medite diariamente por 1 mês:

– Quem sou eu?

– Quem estou sendo?

– O que é mais saudável para mim?

Refletindo

Quem "eu estou" são os comportamentos físicos e mentais que assumo em determinadas fases de minha existência. São os personagens que o eu, enquanto essência... veste.

Assim como um ator que, em um filme, precisa engordar 5 quilos para fazer o papel de um homem obeso durante o período da gravação. Ao terminar, ele emagrece 5 quilos para fazer outro papel em outro filme.

Assim como em um filme a mulher faz papel de loira e no outro de morena ou ruiva. Então pinta os cabelos, corta-os de acordo com a necessidade e a mensagem que se quer passar naquele filme.

Todos os personagens trazem aprendizados.

Em um filme o rapaz faz papel de adolescente, no outro de homossexual, no outro é marido com filhos, ou uma velha.

São vários personagens mas uma "única" parte fica intocável... e que nos dá a referência para identificarmos a pessoa.

– O que é? A Identidade... o Eu... a Essência... o Espírito...(como quiser chamar).

Este "Eu", vestiu os personagens para aprender ou transmitir mensagens.

Emocionou-se com o personagem. Misturou-se a ele. Sorriu, chorou, teve doenças, conflitos, gritou, sentiu prazer, vibrou, amou, morreu e renasceu.

E ao terminar o filme... ficou um tempo descansando ... e já está pronto para outro personagem.

Qual é o meu Papel?

Você pode assumir a forma que quiser, os comportamentos que quiser, dependendo do papel que quer viver nesta existência. Dependendo do grau de sua própria consciência.

Lembre-se!

Todos os personagens podem tornar-se melhores ou piores. Só depende do seu empenho.

O papel é o autor quem escreve e oferece ao ator.

Mas é o ator que tem o livre arbitrio de querer ou não participar daquele personagem.

O sim ou o não só dependerão do ator, da sua consciência.

Dizendo sim, o autor dá o texto, mas a atuação é toda particular. Dependendo da atuação e do sucesso ou insucesso do artista, o roteiro será alterado e transformado.

Já aconteceram casos, em filmes ou séries, de um personagem que era para ser apenas um elemento na história, sem relevância... mas que, com o passar dos episódios, sua atuação foi tão bem-feita, mesmo no seu pouco espaço... que aquelas pequenas cenas super bem-vividas, fizeram a população vibrar.

E a própria população solicitou maior atuação daquele personagem. O autor e diretor, vendo a grandeza daquele pequeno "personagem", mudaram o roteiro e este passou a ser um dos principais papéis daquela série.

O destino está em nossas mãos. Há espaço para todos.

– Como está a sua atuação neste cenário de vida?

– O que precisa melhorar?

Seja realmente sincero nas suas convicções.

O Universo recompensa muito bem para você ser você. Para quem ousa ser criativo. Imagine que pode melhorar o seu cenário, ou escrever um novo papel a partir de agora. – Qual seria?

– Qual o meu novo papel?

– O que transmitirei desta vez para as pessoas?

– Em que momento será? Qual o estilo?

– Que crenças e habilidades terei? Imagine-se vivendo assim.

– O que posso desde já desenvolver em mim, inspirada(o) nesta reflexão?

– O que posso melhorar em mim?

Faça o seu papel bem-feito.
O feito é melhor do que o perfeito.
Perfeição é você fazer o seu melhor a cada momento.

Meditação e Pausas Salutares

É comprovado que a maioria dos desequilíbrios que levam às doenças, vêm de um grande esgotamento mental e corporal ininterrupto, onde não há pausas salutares para o organismo e a mente se reequilibrarem naturalmente.

Dra. Sara Lazar, neurocientista do Massachusetts General Hospital e Harvard Medical School, foi uma das primeiras cientistas a analisar a importância salutar da meditação no cérebro. A prática constante da meditação pode fazer a região do córtex pré-frontal de pessoas com 50 anos ou mais, ter a mesma quantidade de massa cinzenta de pessoas com apenas 25 anos. E ela comprovou que estas práticas potencializam a memória, a cognição e reequilibra as emoções, mantendo a pessoa mais jovial e serena.

Você sabia que:

Thomas A. Édison tinha por hábito, diariamente, sentar-se embaixo de uma grande árvore que lhe fazia sombra e ali, cochilando, relaxando, criou mais de mil invenções? Seu objetivo maior era inventar a lâmpada. Tentou mais de 1200 vezes até que conseguiu.

Ele, em 50 anos de criação, criou e patenteou mais de mil inventos. Foi um gênio. Dizia que a solidão causada pela surdez era uma vantagem criativa, não uma desvantagem.

– "Eu ouço dentro de mim", dizia ele.

Pablo Picasso falava que para ele a criação começava na meditação... "que quando meditava, trabalhava melhor".

Pascal dizia que "a desgraça dos homens resulta da incapacidade de se ficar sozinho num quarto em silêncio."

Leonardo da Vinci acreditava no poder da meditação durante a noite, no escuro.

Einstein tinha por hábito silenciar, ficar com a mente tranquila. Releia esta frase dele que tem uma sabedoria muito profunda:

"Penso 99 vezes e nada acontece. Eis que mergulho no mais profundo silêncio e a verdade se me revela".

Ele dizia, de certa forma, que tudo está aqui no Presente, disponível, mas nosso limite de percepção, ignorância, crenças, etc... não nos permite acessar. Mas quando aprendemos a silenciar e ampliar a percepção, além do convencional, acessamos um mundo de infinitas possibilidades.

E assim, nestes estados meditativos, silenciosos, ele intuiu as grandes teorias da física.

Hoje, temos comprovações científicas da medicina, de que métodos de concentração, relaxamento, meditação, são remédios preventivos dos mais eficazes contra o estresse mental e corporal, hipertensão, doenças cardíacas, depressão, etc...

O "descanso" refaz nossas células muito mais rapidamente, repõe as energias, renova os reflexos dos nossos sentidos, aguça a percepção sensorial e extra-sensorial, e aguça nossa "intuição".

Estamos tão mal acostumados, que mesmo tendo o local e tempo para relaxar, descansar, meditar, preferimos pegar estes poucos minutos e fazer alguma outra coisa, agitando-nos mais ainda, gastando preciosos minutos em distrações, muitas vezes nocivas.

Dizemos: – Estou ganhando tempo.

– Ganhando? Ou perdendo?

Sim, pois perdemos saúde. Então, no Futuro, gastaremos em remédios e tempo dobrado nos hospitais.

E não nos conscientizamos que esta agitação toda faz com que acumulemos, no final do dia, o cansaço, com a possibilidade de estourarmos por qualquer coisa com as pessoas ao redor. Tolerância zero.

Uma das formas básicas para conseguir relaxar, meditar, é iniciar aprendendo a ter mais foco - concentração, como temos escrito aqui.

Acalmando a Mente com a Meditação

"A mente é como um macaco bêbado picado por um escorpião".

Bhagavad Gita

A mente viaja bastante, distraindo-se entre um pensamento e outro, entre uma preocupação e outra. Viajamos momentos para o Futuro, momentos para o Passado, gerando um movimento mental muito grande, ocasionando, muitas vezes, desatenção, excitação corporal, provocando excesso de estresse. Pouco nos mantemos no Presente.

– E o que fazer para aprender a relaxar mais, manter mais o foco e viver o Presente com mais qualidade?

Hoje em dia é um enorme desafio, pois as pessoas estão com excesso de estímulos e a mente pula de galho em galho como um macaquinho travesso.

Segundo Patanjali, decodificador do Yoga há mais de 5 mil anos: "Yoga Chitta Vritti Nirodha".

Precisamos aprender, através de práticas adequadas, meditativas, a "acalmar os turbilhões da mente". Não é parar a mente. Impossível! Mas podemos acalmá-la profundamente, resgatando a serenidade interior.

O primeiro passo, como temos visto, é aprender a fixar a atenção em uma "única" coisa, o máximo de tempo possível. Por exemplo, enquanto você está lendo, está fazendo um exercício de concentração... isto se você não estiver pensando em outras coisas enquanto lê.

Leia pensando somente no que você está lendo. Muitos alunos dizem: – Começo a ler e daqui a pouco não lembro nada do que li... porque me distrai pensando outras coisas. Tenho que ler tudo de novo, às vezes várias vezes.

É isso. A pessoa perde tempo, saúde e energia. – Como resgatar a concentração, o poder de foco?

Dicas simples: olhe para o azul do céu, ou para as nuvens, ou pássaros, ou a árvore mais distante... mantendo o foco por 3 minutos, sem produzir pensamentos ligados ao Passado ou Futuro.

Desafio você a fazer isso, sem se distrair, por apenas 3 minutos. – Será que consegue?

Esta prática além de fortalecer seu poder de foco, melhora a saúde dos nervos oculares e dos neurônios. Descanse o cérebro com o olhar para o horizonte na visão distante. Isto é muito salutar.

Meditação - Mantras - Oração

A oração, assim como os mantras, são frequências poderosas e formas de concentração auxiliando na meditação, agindo na memória celular.

Por isso, evite repetir ladainhas, falando tão rapidamente as "coisas" decoradas, enquanto pensa na comida, no trabalho, no fulano, no beltrano.

Precisamos reaprender a fazer a Conexão Sagrada em todos os lugares. O templo, centro, igreja, em primeiro lugar, reside em nosso corpo e nosso lar. Por isso, nosso espaço pessoal deve ser bem cuidado, limpo e harmonioso.

Faça "diálogo" com Deus - Alá - Brahman - Força Maior - Sabedoria Divina - Fonte (os nomes que damos a esta "Presença Divina" é bem pessoal e esta Presença é Única). Realmente nomes não importam, o que importa é a intenção sincera e a conexão.

Entre em meditação, de acordo com o seu estado interior.

Lembre-se de Agradecer... não só pedir.

> *"Silencie. Quando silenciamos de verdade a Reconexão acontece espontaneamente".*

Hábito de minha mãe: Todos os dias por 30 minutos, às 5 horas da manhã, ela orava e conversava com Deus. Esta era sua meditação.

— Sinto-me leve, protegida e alegre. Em sintonia com Deus. Faço antes de me deitar e ao acordar.

— Mãe, por que você faz ajoelhada ao lado da cama?

— Porque é uma forma de eu me manter realmente atenta, e aprendi na igreja que este é o meu gesto de humildade e devoção.

Cada um tem um jeito... só precisa funcionar. — Qual é o seu jeito?

MeditAção Simples de EquilibrAção

Se você está sob tensão.

Coloque as mãos sobre o peito na direção do coração.

Sinta a pulsação.

Sinta o ar que entra... e sai.

Acompanhe a pulsação natural por 1 minuto ou mais.

E naturalMente a respiração vai se acalmando em meditação...

E neste momento se quiser.

Aproveite e faça uma vocalização, oração... ou

Fique em silêncio.

Recebendo Intuição.

Promovendo assim em sua vida... a salutar MotivAção.

> *"Quando oramos, pedimos a Deus... quando silenciamos, ouvimos a resposta".*

Pausas salutares também são recomendadas pela Norma Regulamentadora - NR17, entre outras, que incentivam a prática de qualidade de vida enquanto se tem a jornada de trabalho. Aqui darei um exemplo que acompanhei nas empresas.

Beto trabalha com Jean no setor de embalagem.

Beto é descontraído. De 1 em 1 hora ele dá uma boa espreguiçada e relaxa ou medita. Às vezes ele levanta, vai ao banheiro, refresca a nuca, bebe água, se alonga e Jean continua empacotando sem parar. E fala:

– Beto está enrolando. Fica aí se divertindo enquanto eu pego no pesado.

Jean fica tenso e nervoso quando pensa nisto. Daqui a pouco começa a errar.

Beto, ao descontrair por 5 minutos, volta mais disposto para o trabalho.

– Lá lá lá lá... volta cantarolando e sereno.

O mau humor do Jean nem chega perto dele. A sua energia cria um escudo de proteção.

Dorinha, que trabalha ao lado, comenta:

– Nossa, como Beto é simpático! Se ele me desse bola!

Ao final do dia, Beto recebe os parabéns: - Parabéns! Rendeu muito hoje.

Jean fica furioso. – Como pode? Eu não parei!

– Jean, quando paramos, recuperamos o fôlego, descansamos os músculos, relaxamos o cérebro e os reflexos ficam melhores. Em consequência, me torno mais ágil. Se não paro, meus reflexos vão decaindo, vou ficando lento e nem percebo.

– Seja esperto! Você pode trabalhar e descontrair ao mesmo tempo.

Jean, que não é bobo, aprendeu rapidinho. O ambiente ficou mais descontraído e a empresa teve melhores lucros. Tenha esta atitude enquanto dirige na estrada. De 100 em 100 quilômetros, o ideal é dar uma paradinha. Evite acidentes e erros desnecessários.

Namore sua Mente

Se ao buscar a meditação, oração, mantra, contemplação, sua mente não consegue se acalmar, tirando você de seu propósito de bem-estar, permita-se observar os pensamentos, sem reclamar. Observe-os.

Assista a cada pensamento como se fosse um filme, nuvens, ou pássaros e permita-os voar na direção do azul do céu.

Busque não se deter em nenhum em especial.

E então relaxe serenaMente, enquanto respira livreMente.

Mas se um pensamento ficar voltando seguidamente, assim como um "pombo-correio" querendo fazer ninho em sua cabeça, pesando... faça amizade com este pássaro (pensamento):

– Pombo-correio (pensamento), qual é a sua "mensagem" para mim?

– O que você quer me dizer agora?

Receba a primeira mensagem ou resposta que vier. Seja uma palavra, imagem ou sensação.

Agradeça a este "pombo-correio" (pensamento), e deixe-o voar... solte-o, liberte-o.

Estes pássaros não veem a hora de recebermos a mensagem para eles poderem se libertar.

Os pássaros dos pensamentos só criam ninhos se você os alimentar ou evitar captar suas mensagens. Receba as mensagens e liberte-os.

Alguns pensamentos ficam obscuros porque não cuidamos deles enquanto filhotinhos. Deixamos eles crescerem sem dar atenção. Como alguns filhos.

Quando perguntamos quais as mensagens nestes casos, muitas vezes elas vêm confusas... Precisamos de mais paciência e prática.

Para que isso não ocorra mais, reserve um momento de seu dia para refletir, meditar e desfrute dos prazeres que estes momentos lhe trarão.

Antivírus no Biocomputador

Pensamentos e sentimentos ruins podem tomar formas negativas dentro da mente, nos prejudicando. Como um vírus que se instala no computador, estragando tudo. Existem maneiras de passar um antivírus também no biocomputador: mente e corpo.

Existem várias formas de meditação e uma delas usa os recursos sonoros.

Palavras ou frases, cânticos, preces, que se repetem, auxiliando a acalmar os turbilhões da mente.

Dr. Dean Ornish, cardiologista americano, utiliza e sugere a palavra One (Um) ou Om.

O Japa Mala dos hindús, o Terço dos católicos, o Masbaha dos árabes, são parecidos e buscam resultados similares. São repetições sagradas, também chamadas de mantras. Vocalizações que harmonizam a frequência celular se for feita com palavras e sons construtivos.

Se vocalizar, cantar ou repetir palavras negativas, de baixa frequência, poderá desequilibrar e levar todo seu sistema a doenças físicas ou mentais. É o que acontece em locais que falam, cantam e tocam péssimos sons.

Variação de sons harmoniosos:

– AUM - Om - One - Um - Aaahhh.

– Deus e Eu somos Um.

– Confio, ou Amor, ou Calma, ou Saúde, ou Alegria, ou Serenidade, ou Discernimento.

Escolha uma palavra que se relacione com o seu momento de vida e repita-a durante o tempo da concentração, mantendo sua mente mais tranquila. Faça 5 minutos seguidos e silencie depois, apenas sentindo os efeitos.

> Gosto de repetir a palavra "serenidade" por várias vezes, mesmo enquanto dirijo ou caminho.
>
> E enquanto repito: serenidade, serenidade... vou observando dentro e fora o que me inspira serenidade e algo agradavelmente sereno se instala em meu sistema.

Meu pai diz que, o que equilibra ele é repetir por minutos, antes de dormir e ao acordar: - Meu Deus, Pai de Jesus. Meus Deus, Pai de Jesus....

Escolha o que está necessitando no momento e faça essa experiência.

Assim, pode se sintonizar e se "reprogramar neurolinguisticamente" a todo instante.

É o antivírus do biocomputador.

"Respeito mais um ateu digno, do que um religioso hipócrita".

Divaldo Franco

Meditação Milenar

Preste atenção ao ar que entra... e quando sai vocalize: – Ooooommmmm...

Inspire e expire: – Ooooommmmm...

Repita várias, até acalmar a mente e silenciar.

Então viva o seu silêncio interior.

Om é uma sílaba sânscrita que quer dizer: Deus cósmico de todas religiões. Força Inteligente ou Força Sagrada e Suprema.

Mesmo que você não acredite em Deus, poderá soletrar também o Om, pois esta sílaba faz vibrar o tórax e a caixa craniana, trazendo uma profunda sensação de bem-estar. Acalma a agitação mental.

Uma amiga tinha pavor de dirigir e não conseguia viajar sozinha dirigindo. Um dia teve que viajar por questões de saúde familiar. Ela foi cantando o Ommmm e o medo desapareceu. Tornou-se sua âncora poderosa.

Liberando as Tensões

Mente, corpo e espírito são indivisíveis.

Acompanhe-me, praticando cada passo deste exemplo:

1. Olhe para o chão, um pouco à sua frente. Enrole os ombros para frente, feche um pouco seu peito... Permaneça assim.

– Como fica sua respiração? Curta ou longa?

– Se ficar assim por um tempo, como vai se sentir?

– Se alguém o visse desse jeito, diria que está se sentindo como?

2. Agora, abra o peito, deixe os ombros irem para trás. Olhe para o horizonte.

– Como fica sua respiração? Curta ou longa?

– Se alguém o visse desse jeito, diria que está se sentindo como?

Meus alunos dizem: na Postura 1 - a imagem e sensação é de quem está mal; e na Postura 2 - a imagem e sensação é de quem está "de bem com a vida".

— Percebe como o corpo está diretamente ligado às emoções e aos sentimentos? O corpo fala.

A neurocientista, Nazareth Castellanos, comprovou: olhar para baixo reduz a capacidade da memória e nos torna mais pessimistas. Posição que muitos usam para olhar o celular. Abrir a postura, respirar profundo e olhar para frente, erguendo o canto dos lábios, melhora rapidamente.

Por isso, temos 2 caminhos para acessar o bem-estar: Transformando a mente ou o corpo. Alguns tem facilidade por uma via e outros pela outra.
— Qual o seu caminho de acesso?

Consciência Respiratória

É bom repetir que para a vida funcionar em abundância, natural e saudavelmente, necessitamos de ótima respiração.

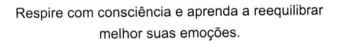

Respire com consciência e aprenda a reequilibrar melhor suas emoções.

Lembre-se de uma situação em que se assustou.

— O que aconteceu com sua respiração na hora do susto?

Geralmente trancamos a respiração por segundos... gerando, em seguida, a taquicardia.

Lembre-se de uma situação em que esteve deprimido.

— Como estava sua respiração?

Geralmente curta – trancada por causa do peito fechado e cabeça baixa, levando a um estado de apatia, tristeza.

Lembre-se de uma situação em que esteve eufórico.

– Como estava a respiração?

Geralmente os ombros ficam mais abertos, cabeça elevada, respiração forte e um pouco de taquicardia.

Lembre-se de um momento em que esteve tranquilo.

– Como estava a respiração?

Geralmente a respiração fica mais abdominal, profunda e calma.

Corpo solto, leve, coração pulsando no ritmo calmo.

– Qual destas respirações é a melhor para você passar a maior parte do seu dia?

– Em taquicardia ou em pulsação calma?

As pessoas funcionam de forma diferente. Descubra qual é o seu melhor ritmo e promova a sua respiração mais adequada.

Oscilamos entre todas respirações. Uma dose de cada é bom, mas permanecer sempre com a respiração curta, provocando taquicardia, pode ser prejudicial ao coração e a todo corpo.

Necessitamos da respiração calmante, para acessarmos estados de centramento e serenidade no dia a dia. Principalmente quando vivemos neste agito desenfreado e com pessoas estressadas.

> Atenção! Existem momentos em que acelerar é preciso, desde que tenhamos consciência de acalmar depois, para não virar estresse crônico.

Vânia Lúcia Slaviero

Vamos Despertar a Capacidade Respiratória

Peitoral

Se você é hipertenso, com pressão alta, não faça este exercício:

Coloque as mãos sobre o peito.

Inspire, enchendo a região peitoral. Retenha uns segundos (respeite-se).

Esvazie bem os pulmões até sentir que se contraem os alvéolos pulmonares (como se espremesse uma esponja).

Retenha sem ar por alguns sergundos...

Repita 5 vezes ou mais, se for confortável.

Diafragmática

Coloque as mãos sobre as costelas, abaixo do peito - uma de cada lado. Inspire, expandindo as costelas para os lados.

É como se as mãos e as costelas se abrissem como uma sanfona.

Retenha por alguns segundos...

Expire, esvaziando bem os pulmões, como se a sanfona se fechasse... Retenha sem ar por segundos.

Repita de 5 a 10 vezes.

Evite movimentar muito a região peitoral para ativar mais a caixa torácica.

Sinta o ar expandindo o tórax e movimentando também as costas na altura das costelas. Ótimo ritmo para quando estamos conversando e trabalhando.

Abdominal

Coloque as mãos relaxadamente sobre o abdômen, abaixo do umbigo.

Inspire, evitando mover muito o peito ou costelas, direcionando o ar para o abdômen... sentindo o movimento chegar até as costas na região lombar.

Imagine que o ar vai também até o quadril.

Retenha por alguns segundos...

Expire, esvaziando bem os pulmões... deixando o ar sair de baixo para cima.

Retenha sem ar por alguns segundos.

Repita de 5 a 10 vezes... o quanto for confortável.

Experimente às vezes soltar o ar pela boca... livremente...

– O ar vai até a barriga? Muitos fazem esta pergunta.

Explicação: – O diafragma (que parece um guarda-chuva aberto), move-se durante a respiração. Desce mais ou menos 4 cm na inspiração. Quando o diafragma desce, o abdômen expande naturalmente, pois as vísceras são empurradas para baixo. E quando o ar sai, o diafragma volta à posição normal.

É um excelente massageamento interno, por isso é muito bom para os intestinos, órgãos, útero, ovários, próstata, além de ser calmante.

Observe qual é o seu ritmo respiratório no dia a dia.

Observe-se. É um desafio interessante.

– Peitoral?

– Diafragmática?

– Abdominal?

A respiração também provoca estados emocionais diferentes. E a "respiração abdominal" ajuda a combater insônia, trazendo um sono de ótima qualidade.

> Nas aulas, muitos começam a bocejar quando fazem os exercícios respiratórios e dizem que estão com sono. Não é sono... é relaxamento. Sinal que estava precisando.

A maioria das pessoas estão acostumadas a só relaxar quando vão dormir e despencam sobre a cama à noite, de tanto cansaço. Por isso, fazem este tipo de associação. Aprenda a relaxar durante o dia, na medida certa.

Hipertensos

Aprendi com os Mestres do Yoga que pessoas hipertensas precisam colocar mais ar para fora do que para dentro.

Esvaziar-se mais. Muitas vezes, os hipertensos têm a sensação que lhes falta ar, por isso inspiram e inspiram muito, isto sobrecarrega o funcionamento do coração e faz com que dispare a taquicardia.

Os pensamentos dos hipertensos são mais acelerados. Quando sentir este processo de sobrecarga... Pare Tudo.

Solte bem o ar - faça o Sopro Há e reinicie a respiração calmante.

Pouco ar para dentro e NÃO no peito e SIM mais no abdômen, nas costas, como você já está *expert* em saber.

Quando inspirar e o ar começar a chegar na altura do peito, solte-o em um bom e relaxado suspiro. Aaahhhh... bem alto.

Se for hipertenso, evite inspirar muito. Solte-se mais. Coloque o ar para fora para não explodir. Esvazie-se.

— Esta é uma receita que TODOS devem seguir?

Não. Descubra o que é melhor para você. Faça experiências.

Muitos vêm ao meu consultório apavorados, dizendo:

– Puxo e puxo o ar, mas vem pouco. Minha respiração não é o suficiente. Falta ar.

Quando vamos observar: – Uau! Você está cheio de ar. Não tem mais espaço nos pulmões de tanto ar. Puxou... puxou... puxou... e não esvaziou o suficiente - medo que falte o ar, ou medo de morrer? Desapegue.

Então, começamos a esvaziar com tranquilidade, na medida que a própria pessoa se permite esvaziar, e assim temos espaço para uma nova respiração profunda e moderada. E ela se sente mais leve e satisfeita.

> Lembre-se: ar tem para todos. É só saber observar a respiração e dosá-la. Relaxe. Você merece.

Hipotensos

Os hipotensos, apáticos, às vezes, precisam de um pouquinho mais de ar nos pulmões, para gerar mais estímulo, ânimo e disposição.

Por isso, uma das grandes saídas para os depressivos, apáticos e hipotensos é caminhar, de preferência ao ar livre, praticar esportes... pois isto faz com que a respiração fique mais completa, oxigenando mais e estimulando o coração, o cérebro e todo sistema.

O depressivo quer ficar na cama, parado e quieto: e quanto mais ficar assim, pior ficará. Ele acredita que a cura vai vir do remédio, somente. Espera um milagre. Está superenganado.

Se não colocar movimento, oxigenação, Natureza, não haverá cura. Falta estimulação. Isso é a pura verdade.

Então, inicie na cama mesmo, alguns exercícios que ensino aqui, como o espreguiçar, alongar, e respire mais profundamente. Retenha um pouco de ar nos pulmões. Esvazie-os bem. Encha novamente... retenha. Solte.

– Só para os mais sonolentos, entendeu? Sem generalizações.

Os diabéticos, hipertensos também melhoram sua vida, com uma boa caminhada... em contato com a Natureza.

Lembre-se: nascemos pelo ato da inspiração... e deixamos este corpo pelo ato do último suspiro.

Mesmo dormindo... em qualquer situação, estamos sempre respirando...

Jamais paramos... e se paramos... partimos para outra dimensão.

A respiração tem seus enigmas, para nós, ocidentais...

Existem Yogues que fazem verdadeiras acrobacias com a respiração. Vi um Guru indiano com 114 anos, com uma vitalidade e lucidez de 50 anos e que respirava também pelos olhos...

Ele fechou o nariz, a boca e respirou pelos olhos, monitorado por cientistas em laboratório. – Uau!

Estamos muito longe de conhecer as capacidades totais de nosso fantástico corpo.

Ainda estamos aprendendo a base da base, que é tentando manter um corpo livre de hábitos nocivos.

Estes Sábios já superaram isso e estão agora na fase do que o corpo pode fazer além do que chamam de normal.

Este mesmo Guru disse que viverá mais de 200 anos e falou com uma convicção que quem duvidar é louco. Existem muitos assim, comprovadamente, como as 30 mil pessoas, aproximadamente, que não comem e vivem de Luz - o Prana.

Nas margens do rio Ganges, no Himalaia, existem gurus que tomam banho com roupa de algodão, no inverno, com a temperatura abaixo de zero. Ao saírem da água, fazem exercícios de respiração e a roupa vai secando. Consegue-se ver evaporar a água e o tecido ficar seco. Isto é real.

> – Em vez de perdermos tanto tempo com o que não nos acrescenta em nada, por que não investimos nosso precioso tempo para descobrir nossas verdadeiras potencialidades?

Todos nós temos potenciais infinitos. – Quantos você já despertou e pode despertar ainda mais em si mesmo(a)?

Sopro Haaaaa

Muitos acumulam preocupações ou maus hábitos, gerando problemas no plexo solar, atacando o estômago, gerando gastrite, úlceras, dores, etc...

Com o Sopro Há, jogamos os lixos energéticos que engolimos e os nervosismos para fora, auxiliando o funcionamento desta região.

De pé ou sentado, inspire imaginando que suas mãos vão puxando as tensões do corpo, enquanto vai elevando-as em direção ao teto.

Quando terminar de encher os pulmões... solte de uma só vez os braços e a respiração... falando ou gritando bem alto...

– Haaaaaaaaaa... deixando o som sair livremente.

Como nas artes marciais, o grito liberta e é muito saudável.

Relaxe lá embaixo pendurando o tronco, soltando braços e cabeça.

Repita de 3 a 5 vezes. É divertido.

Efeito: alivia dores no estômago, má digestão, dor de cabeça, bruxismo; relaxa e libera endorfinas; acalma e traz bom humor; melhora até a comunicação.

> **Lembre-se:** é melhor dar uns gritinhos no banheiro, no carro, na Natureza, do que gritar com as pessoas!

Variação Suave do Sopro Há

Inspire... enchendo os pulmões...

Assopre três vezes seguidas, fortemente, o ar para fora da boca, até esvaziar bem os pulmões.

Deixe o sopro sair da região do estômago, fazendo um grande massageamento interno.

Repita 3 vezes.

Pode ser que você fique um pouco tonto, pois aumentamos o fluxo de oxigênio no cérebro. Fique tranquilo e volte a respirar naturalmente. A tontura passa. Isto é bom, pois acordou seus neurônios.

Sinta agora sua respiração mais espontânea. Os pulmões mais livres e saudáveis. Esta prática ativa emoções positivas.

Encontrando a Lucidez

O Sol estava começando a aquecer mais a areia macia e branca, quando resolvi descobrir mais sobre esta ilha, onde estou hospedada.

Um dos primeiros passos para eu me sentir mais confortável em algum lugar é conhecendo-o um pouco mais.

Enquanto andava fui fazendo analogias: - Talvez por isso que algumas pessoas não se sentem bem consigo mesmas, porque ainda não começaram a se descobrir e se conhecer mais conscientemente.

Então, como uma criança que vasculha minuciosamente todos os lugares a que ela vai (desde que não seja reprimida pelos adultos), caminhei pela fazenda até chegar à areia da praia.

Interessante que comecei a me excitar com tanta beleza. Senti vontade de entrar na água e entrei.

Parecia uma piscina... Ahhh... água limpa, gostosa, calma. Resolvi aventurar.

Sorri sozinha... eu e minhas células. Tudo era novo, excitante e lindo.

A maré baixou e uma piscina se fez entre as pedras, e ali me deitei, vendo os peixes e eles aos poucos se aproximaram de mim.

Uma sensação de plenitude me envolvia, simplesmente por me entregar ao mar, ao Sol... a Natureza.

Observava atentamente as matas e coqueiros a minha frente. E eu ali sozinha, sem me sentir só. Vivia a "solitude" e não a solidão. Uma alegria me envolvia por dentro e por fora. Então, me dei conta que eu queria que todos experimentassem aquilo que eu estava desfrutando.

De repente, senti muita alegria e queria fazer tudo de uma só vez.

Mergulhar, andar, correr, ver, tocar, descobrir, me bronzear. Tanta coisa ao mesmo tempo que senti meu coração palpitar.

– "Estou eufórica!" Constatei.

Meu coração palpitava tão forte que comecei a me desequilibrar, a cansar.

E me lembrei de um comentário, que dizia:

– "Tanto as profundas tristezas como as imensas alegrias podem nos estressar".

– Opa! O que estou fazendo?

Então, fechei os olhos. Respirei lenta e profundamente como se inspirasse com calma toda aquela maravilha ao meu redor. Como se levasse para cada célula a felicidade de estar ali, de Ser.

E soltei o ar e me entreguei para o momento. Soltei mais ar, como se estivesse dando minha gratidão ao Universo, à ilha, ao mar.

Repeti a respiração várias e várias vezes, agora pensando nas pessoas que eu amava. Respirei e desejei levar esta emoção para todos, como se o Planeta e os seres fossem o meu próprio corpo.

Sentindo o ar, sentia os meus pés na areia, envolvidos pela água transparente e quente...

Meu corpo aquecendo-se mais com os raios alaranjados do Sol e meus olhos se fechando serenamente, fotografando estas imagens deliciosas dentro da minha mente.

Meu coração foi se acalmando e eu continuei vivendo a felicidade por mais tempo, agora sem euforia e sim com alegria.

Um momento meu... um presente... Presente!

Compartilhei com os peixinhos, com o ar. Quando estava satisfeita, resolvi alegremente voltar para a fazenda, e andando dentro do mar, fui pensando:

— Muitas vezes nos perdemos na intensidade de nossas emoções. Vivemos intensamente o momento, querendo segurá-lo eternamente. Quanto mais eufórica fico ou quanto mais triste, mais desequilibro o meu sistema e perco a capacidade de curtir tudo aquilo que é bom.

Beber as experiências em pequenos goles e degustá-los bem... esta é a chave.

Veio a lucidez de que eu poderia desfrutar daquele paraíso aos poucos, assim como quando namoramos. Descobrindo o outro aos poucos. Hoje um cheirinho, depois um toque, amanhã um sabor, e assim por diante...

Beber tudo de uma vez pode engasgar, afogar ou perceber que não era bem isso que se queria.

Como é bom "aprender" com a Natureza. Como é bom estar "aberta" a Aprender!

Espreguiçar

O espreguiçar é um dos movimentos mais básicos do corpo. O bebê se espreguiça dentro do útero e a mãe sente em cada cutucada.

Ao nascer, nas primeiras horas ele já busca se esticar.

As plantas e até os animais fazem este movimento instintivamente, para todos os lados.

É só olhar o gato, o cachorro... e o bocejo que acompanha um bom espreguiçar.

O espreguiçar é uma forma de alongar naturalmente os nervos, músculos, tendões, no ritmo individual de cada um, sem violência, sem regra, sem imposição. É o momento particular de recomposição corporal e energética.

Fico impressionada quando falo do espreguiçar nos cursos e convido as pessoas para experimentarem. Há muitos que não conseguem se esticar. Ficam olhando os outros para aprenderem a se espreguiçar, ou tem vergonha de expressarem seus movimentos.

O espreguiçar é inato e é individual.

Em 1994, nas minhas primeiras aulas para empresas, conduzi uma vivência em uma chácara, ao ar livre, para 70 empresas juntas e lá iniciei com o espreguiçar... fizemos alguns minutos, bocejando, alongando, cada um no seu rítmo... foi divertido e gostoso.

Depois de alguns meses, encontrei um dos empresários que estavam lá. Eu não me recordava mais e ele me relembrou:

– Ah! Foi você que me ensinou a espreguiçar. Sabe que hoje em dia vivo mais relaxado, descontraído, até no meu futebolzinho eu espreguiço e meus amigos dão risada de mim, mas é muito bom. Muito obrigado pelo ensinamento! Minha qualidade de sono e de trabalho melhorou muito.

Fiquei encantada com o depoimento. – Eu o ensinei a espreguiçar? Não!

– Ele só relembrou alguma coisa que ele já sabia e não sabia que sabia.

Um simples espreguiçar com consciência pode ser um excelente remédio e instrumento!

Vânia Lúcia Slaviero

Vamos lá!

Você pode fazer sentado, deitado ou em pé... não importa a posição, o lugar, a roupa.

Até em ambientes formais dá para dar uma espreguiçadinha, senão ninguém aguenta, não é?

Muitas pessoas estão tão enferrujadas que não conseguem nem se espreguiçar.

Se você se encontra nesta situação... é grave!

Anime-se! Tudo tem solução na vida. É só começar a praticar.

Vamos começar a desenferrujar. Para isso precisa "alongar a mente" também, como diz o professor de PNL, Charles Faulkner, dos EUA.

Para poder mudar um comportamento vicioso, é preciso alongar a mente, dar FLEXIBILIDADE aos pensamentos enferrujados. Vamos fazer uma preparação corporal, para depois resgatar o seu espreguiçar espontâneo.

Pratique estas sequências, depois acrescente o seu estilo e o seu ritmo.

Passo a Passo

Em pé: pés abertos na largura do quadril e paralelos, mais ou menos um palmo de largura.

Joelhos sutilmente semiflexionados.

Entrelace os dedos das mãos virando as palmas para baixo...

Devagar, vá elevando pela frente os braços bem esticados para o teto. Mantenha os pés firmes no chão.

Lá em cima, puxe ao máximo as palmas para o teto, puxando a coluna, a cintura... e respire nas costelas... expandindo bem as laterais do tronco. Mantenha o quadril encaixado, se necessário. Depois desça os braços pela lateral do corpo, alongando bem os ombros, soltando o ar.

Repita mais duas vezes... Faça bem devagar!

Descanse... relaxe...

Agora, balance seu corpo de um lado para o outro. Como se fosse um boneco de pano...

Fique se balançando, soltinho, com a boca entreaberta e respiração no som Aaahhh.

Pare! Centralize o corpo e observe-se.

– Como está se sentindo?

Agora, comece o SEU espreguiçar... do jeitinho que seu corpo gosta mais...

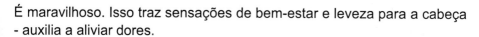

"A regra é não ter regra".

Faça dois minutinhos.

Depois, feche os olhos e imagine os ossos do rosto sorrindo, abrindo mais espaço por dentro.

Vamos lá... experimente!!!

Como se estivesse sorrindo... sinta a largura natural do maxilar...

É maravilhoso. Isso traz sensações de bem-estar e leveza para a cabeça - auxilia a aliviar dores.

– Agora faça "caretas".

Puxe o ar devagarinho na região das costelas... até o quadril ... e solte...

Atenção...

Acompanhe com sabedoria os pedidos do corpo...

Este espreguiçar é exatamente para sair do padrão de movimentos repetitivos... e deixar o corpo se expressar criativamente.

Evite entrar nos condicionamentos e na ansiedade. Como estamos acostumados à velocidade desenfreada do dia a dia, é um excelente desafio manter esta calma interior e exterior através dos movimentos.

Faça com calma.

Lembre-se: no espreguiçar, não conduza os movimentos do corpo. Acompanhe os pedidos do corpo.

Brinque com os movimentos, invente, rebole, estique, chacoalhe...

Vale tudo, desde que você SE respeite.

Pode ser feito em pé, sentado ou deitado.

– Simples, não é?

Simples e muito poderoso. Experimente fazer ao acordar, de manhã, várias vezes durante o dia, na cadeira do escritório, no ônibus ou, se sentir muita vergonha no início, faça no banheiro.

Variação

Em pé ou sentado.

Fique em silêncio interno e externo.

Observe-se... percebendo os pedidos do corpo... e em movimentos bem lentos, tal qual uma folha balança em um galho quando não há vento.

Como uma pétala se abrindo em flor... a grama se espreguiçando ao amanhecer.

Comece a mover suavemente a parte do corpo que mais chama a sua atenção.

Sinta cada detalhe do movimento... e estenda os silenciosos movimentos para todo o corpo.

Solte-se mais e mais... vivendo o eterno Presente!

"Deus nos concede, a cada dia, uma página de vida nova no livro do tempo. Aquilo que colocarmos nela, corre por nossa conta".

Chico Xavier

De Bem Com a Vida

Vamos Descontrair Caretando ?

Muitos tensionam o rosto e a boca provocando rugas, dores de cabeça e até bruxismo.

Brincar de fazer caretas auxilia a descongestionar as veias e artérias que levam e trazem sangue para o rosto e cérebro.

Libera os músculos e, em consequência, relaxa o sistema nervoso central.

Quanto mais as vértebras e músculos do pescoço e rosto estiverem De Bem com a Vida, melhor você estará conectado e ligado ao mundo.

– Vamos fazer?

Abra bem a boca e os olhos... segure por 5 segundos.

Agora feche e tensione os músculos fortemente.

Abra novamente... mais 5 segundos...

E feche. Mastigue de todas as formas como se estivesse comendo algo.

Mova os músculos do rosto para todos os lados. Faça algumas caretas engraçadas... e relaxe.

Inspire profundamente e imite um bocejo... até bocejar.

Brinque consigo mesmo... dando mais elasticidade e rejuvenescimento à musculatura facial.

Eleve as bochechas – imite um grande sorriso.

Agora sorria por dentro...

Imagine-se fazendo caretas. Mexa com os músculos internamente.

Atitudes como estas liberam preciosos hormônios do rejuvenescimento como as endorfinas, oxitocina, etc.

Solte o ar livremente... Aaahhh...

Deixe a respiração ficar cada vez mais solta.

 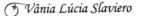 Vânia Lúcia Slaviero

> ### Vivência da Felicidade
>
> Pense na palavra FELICIDADE enquanto respira.
>
> Lembre-se de uma situação em que as pessoas, ao seu redor, estavam felizes e você se sentiu bem ao vê-las assim.
>
> Lembre-se de um momento "bem simples" de felicidade. Um momento onde se sentiu feliz.
>
> Pense em várias cenas de felicidade... pode ser até de outras pessoas...
>
> E lembre-se das formas diferentes de felicidade que você conhece.
>
> – Que cores e sons combinam com a felicidade?
>
> Desfrute destas sensações. Dê asas à sua imaginação.
>
> Permita-se ser envolvido pela felicidade de estar vivo, aprendendo mais e mais, agora...

Descreva e desenhe como você se sente agora.

Sugestão: escolha uma qualidade por dia e repita esta vivência.

Como Ficar Mais De Bem com a Vida

A palavra "trabalho" vem do latim "tripalium", que significa instrumento de tortura. Alguns dizem que é por isso que muitos trazem dentro da mente coletiva uma aversão a esta palavra e ao próprio trabalho.

O ser humano necessita ter uma função, um motivo coerente para acordar e esta função ainda chamamos de trabalho. Necessitamos trabalhar para o bem-estar acontecer, por isso esta palavra merece ressiginificação.

Muitos, quando ficam 1 ano ou meses, sem nenhuma atividade significativa, começam a adoecer. Sem trabalho, vem a inutilidade, a apatia e doenças.

Mas alguns não gostam de trabalhar e o fazem por necessidade, mas reclamam o dia todo.

Ficam em uma encruzilhada: – Não gosto, mas preciso. Que chato!

Já sabemos que a reclamação prejudica o funcionamento do corpo e da mente. É como um vírus estragando o biocomputador.

– O que fazer para não se prejudicar e conquistar mais bem-estar?

– Onde passamos a maior parte do tempo de nosso dia? Trabalhando. Seja como professora, carpinteiro, médico, lavrador, dona de casa, advogada, gari, engenheiro, terapeuta...

Por isso, é de fundamental importância fazer o que se gosta, descobrir o seu dom. Ou... "aprender a gostar" do que se faz.

Senão, será uma tortura amanhecer.

O Universo entra em ressonância e coopera mais facilmente com quem se expressa com autenticidade, criatividade e com gratidão.

Uma Inspiração Real

Um senhor aposentado apareceu na TV, em 1997, e fez o maior sucesso sem jamais pretender fazê-lo. Senhor humilde, ganhando apenas um salário mínimo, e que ao receber no banco seu esperado dinheirinho, investe uma grande porcentagem para comprar sementes de hortaliças e legumes.

– Ah! Mas ele tem terra para plantar!

Sim e não. Ele pede para os proprietários dos terrenos baldios a "terra emprestada" e planta ali as sementes, cultiva-as com "amor" e depois doa estas verduras e legumes para creches, asilos e instituições carentes.

Ele simplesmente se dispôs a fazer o que sabe fazer e, ao mesmo tempo, não lhe importa se a terra é sua ou não, se algum dia perderá aquilo ou não, se alguém vai reconhecer as benfeitorias da terra ou não... ele está preocupado em fazer o que gosta, sendo útil de alguma forma.

– E o Universo retribui para ele de que forma? A cidade toda honra a presença dele. Todos o cumprimentam e ele é convidado a se alimentar nas casas que ajuda, nas famílias e muitos amigos que fez. No final do dia retorna sozinho e feliz para sua humilde casa, repousando de consciência e coração feliz. Ele se doa e as pessoas retribuem sem ele nada pedir. Um aposentado simples, feliz e útil. Ele não tem mais ninguém de sua família por perto. Mas não se sente só... pois conhece a "solitude" autêntica.

– Já pensou em como dividir mais o seu tempo de forma a trazer mais alegria e bem-estar? Seja Criativo com seu tempo.

A Terra e o Céu

Você sabia que seus pensamentos e sentimentos estão contagiando diretamente as moléculas de água de seu corpo, e de todos ao seu redor? E você também está sendo contagiado com o que vem do meio? Isto é a grande "teia sistêmica" conectada invisivelMente. Veja as pesquisas do Dr. Masaru Emoto na internet, e decida como funcionar.

Reflita também sobre a importância da água. O corpo humano tem mais de 70% de água, como o planeta Terra. Onde tem água tem eletricidade. Somos como uma usina elétrica, por isso, muitos levam choque em vários lugares - carro, geladeira, roupa...

O calçado normalmente tem solado de borracha nos isolando da terra. Isso causa tensões e sobrecargas, chegando a levar a irritação psico-corporal. A pessoa nem percebe que está carregada, ela só percebe que perde a paciência frequentemente. Fica irritada e dá choque.

Permita também as crianças brincarem ao Sol, nos horários saudáveis, assim serão adultos mais saudáveis. De preferência descalços, para descarregar as tensões e a eletricidade corporal.

Ideal: Beba 2 litros de água por dia para hidratar-se, e no ambiente de trabalho e/ou estudos ter um espaço com terra, ou grama, plantas; e ali pode tirar os sapatos por 5 a 10 minutos para descarregar as tensões.

Por isso ficamos mais tranquilos quando tiramos férias, pois tomamos mais Sol, ficamos em contato com a Natureza, seja ela qual for. Nos religamos.

Quando ficamos descalços na terra, grama, pedras, madeira, água, simplesmente descarregamos e ficamos DE BEM COM A VIDA.

Se não for possível ter um ambiente ao ar livre, que tenha janelas para que se possa olhar para o céu por alguns minutos por dia. Isto ajuda imensamente a reequilibrar o cérebro e melhora a visão.

O rendimento no trabalho é muito maior e o estresse vai embora.

Tenho um amigo que aprendeu a se autoequilibrar através da Natureza.

Ele tinha crises de bronquite cada vez que entrava em princípio de estresse, chegando a ir de madrugada ao hospital, deixando a família em pânico. Depois que aprendeu esta técnica, melhorou.

– Quando me sinto enfraquecido física ou mentalmente, paro diante de uma planta (árvore, folhagem, flor), peço permissão e digo que preciso de energia, de ajuda.

Imagino em volta da planta uma luz (energia), que está vindo em minha direção e no copo de água que vou beber.

Relaxo e fico receptivo.

Vou imaginando a luz entrando em meu corpo, energizando-me.

– Minha saúde melhorou tremendamente, nada mais de crises, e se entro em um princípio de desequilíbrio, recupero-me mais rapidamente.

Experimente estar mais em contato com a Vida. Viver o Presente, principalmente com momentos na Natureza. Isso traz saúde natural, aumenta o potencial de foco e criatividade.

Não necessitamos de fórmulas mágicas para semear e colher saúde.

Para não se torturar... use de sua sabedoria natural.

"Com uma caixinha de fósforos, a criança faz um caminhão e brinca o dia inteiro".

– Onde está sua criatividade? Desperte-a com respeito e amorosidade.

Na minha infância, meu irmão Glademir e eu brincávamos livres o dia inteiro, com os pés descalços na terra, um pedaço de madeira no chão, uma poça de água, e nada mais era preciso.

Ninguém inibia nossa brincadeira. Nossos pais nos deixavam livres para sermos.

Talvez, por isso hoje me sinto tão corajosa, livre e criativa.

"Há pais que são gaiolas e há pais que são asas".

Alimentação

"Que o teu alimento seja o teu medicamento e que o teu medicamento seja o teu alimento!"

Hipócrates

Uma das partes fundamentais para viver De Bem com a Vida, é observar a forma com que nos alimentamos. Até agora, observamos os alimentos mentais e emocionais. Agora é hora de observarmos a comida.

Vamos fazer um paralelo entre o funcionamento do corpo e um carro.

– Se não colocar combustível no carro ou se colocar combustível ruim, que não combina com o veículo, se não trocar o óleo no período certo, o que acontecerá? Vai pifar com certeza.

Mas se usar o combustível e o óleo certo, na medida certa, tem uma chance enorme de tudo funcionar em harmonia, por uma boa quantidade de tempo. – Isso quer dizer que o carro vai durar a vida toda?

Toda matéria tem tempo de validade aqui na Terra, até nosso corpo.

– Se eu melhorar minha alimentação vou viver 200 anos? A "quantidade" de anos que você terá eu não sei, mas com certeza você viverá com "melhor qualidade".

Mais do que "quantidade", importa aqui a "qualidade".

Tem pessoas com 30, 40, 60 anos vivendo com sondas, tubos, vegetando, sem possibilidade de desfrutar da vida.

Se vivermos com "mais qualidade", poderemos com certeza ter uma vida melhor. Podemos também atingir os objetivos com oportunidade de desfrutá-los depois. Se quisermos, tendo mais saúde, poderemos também auxiliar outras pessoas a atingirem seus objetivos e desfrutá-los também.

– Você quer um Planeta Corpo doente ou saudável?

Segundo o médico Deepak Chopra: "O homem na idade da pedra, como a maioria dos povos tribais de hoje, comia uma dieta cujo nível de gordura era baixo, consistindo basicamente em alimentos derivados de plantas, com "apenas uma ocasional" porção de carne e peixe". E trabalhavam pesado.

Deepak Chopra, médico especialista em endocrinologia, exerce a profissão desde 1971, onde chefiou a equipe do New England Memorial Hospital. Em 1985, fundou a Associação Americana de Medicina Védica. Em 1993, em San Diego, abriu o "The Chopra Center For Well Being", onde muitos o procuram para resgatar a saúde de forma natural.

> "Nada beneficiará mais a saúde humana e aumentará mais as chances de sobrevivência da vida na Terra quanto a evolução para uma dieta vegetariana".
>
> *Einstein*

Você Sabia?

Alimentos Brancos e Escuros

– O "açúcar" vem de onde?

Da "cana".

Ao moer a cana, o caldo vira "garapa", que será transformada em "melado".

– Qual é a cor do "melado"? Escuro.

Depois fazem a "rapadura". Marrom.

Desta "rapadura moída" vem o "açúcar mascavo." Marrom.

Do "mascavo", a indústria alveja várias e várias vezes até ficar branquinho.

O alvejante é composto de muitos produtos químicos.

– O que é mais saudável?

– Comer o "açúcar branquinho" ou comer o produto "in natura", o "melado ou o açúcar mascavo"?

Este é o mesmo processo para as farinhas e para o arroz. Na maioria da alimentação, quanto mais branco mais industrializado, mais química, mais prejudicial. Estes componentes químicos cumulativos podem trazer alergias, câncer, entre outras doenças.

Farinha branca: – Quando você era pequeno, fez cola de farinha branca?

Eu fiz, para colar papagaio ou pipa, que meu irmão Glademir fazia, e eles voavam bem alto. Que alegria!

Pois bem, se ingerirmos diariamente farinha branca dos pães, biscoitos, massas, quando elas se misturarem aos líquidos no estômago, intestino... criarão uma espécie de cola, prejudicando o funcionamento.

– O que acontecerá? Prisão de ventre, cólicas, flatulências, dores, gorduras paradas, etc

Se quisermos ter um abdômen no lugar, bonitinho e saudável, precisamos imprescindívelmente ter o intestino funcionando bem, diariamente... nosso "segundo cérebro", produtor de serotonina.

Alguns médicos dizem que o ideal é o intestino ser esvaziado 2 até 3 vezes ao dia. Mas se fizer 1 vez bem feita, já está valendo. Por isso, necessitamos de alimentos que façam nossos intestinos ficarem limpos.

– O que guardamos no intestino? Fezes, não é?

Se não eliminarmos as fezes, ficaremos...

– Enfezados. Mal-humorados.

"Somos o que pensamos e o que comemos."

O alimento gera energia para o corpo. Por isso, hoje em dia, existe uma grande busca por alimentos mais naturais, com reequilíbrio vitamínico e bioquímico.

Em Curitiba, temos a felicidade de termos muitos alimentos orgânicos, plantações completamente naturais e restaurantes vegetarianos que cozinham com estes alimentos. Podemos comprar estes alimentos orgânicos com selo de qualidade. Dá um pouco mais de trabalho ir em busca de um alimento mais natural, mas a compensação é ótima.

> *"Devemos fazer todos os esforços possíveis para acabar com o cruel abate dos animais, que é destrutivo para a nossa moral".*
>
> Nikola Tesla

Recomendações Saudáveis

1. Mastigar bem os alimentos.

– "Beber os sólidos e mastigar os líquidos".

2. Não usar líquidos com as refeições, pois necessitamos salivar bastante para o suco gástrico poder digerir os alimentos no estômago, senão fermentarão, produzindo gases e problemas estomacais.

3. Evite gelados e muito quentes. Agridem a flora interior.

4. Lavar bem as mãos, as frutas e verduras antes de comer; pode usar água e limão ou vinagre.

5. Cuide da "qualidade" dos alimentos e não da quantidade.

6. Crie uma forma de cultivar alguns alimentos em vasos, no jardim, quintal ou comprar em lugares mais confiáveis.

7. Beber aproximadamente 2 litros de água por dia. Somos 70% água. Assim a pele se manterá saudável e jovial.

8. Evite misturar frutas neutras com ácidas. Ex.: Laranja, abacaxi... (ácidos) X Mamão, melão, melancia, maçã... (neutras)

9. Evite margarinas, óleos prensados a quente. São cancerígenos e causam problemas cardíacos.

Alimentos Recomendados

Arroz integral, farinha de trigo integral, feijão azuki, pão de centeio, pão integral, germe de trigo, fibra de trigo, macarrão integral, verduras, legumes, centeio, aveia, milho, frutas, açúcar mascavo, de coco, melado, mel, cereais, castanhas, amêndoas, água de coco, hortaliças, sal marinho, tofu, lactobacilos, etc... Sempre com moderação.

Gersal

O sal cru (usado em saladas, pipocas, batatas fritas) acumula água nas articulações, gerando inchaços e dores. Pensamos estar com reumatismo, muitas vezes, e não é.

Gersal pode e é saudavelmente gostoso: pegue o sal marinho, coloque em uma panela sem nada, leve ao fogo e vá tostando este sal, deixando-o suavemente douradinho. Toste também o gergelim. Então esfrie, bata os dois juntos no liquidificador e guarde em um vidro para temperar saladas, pipocas, etc... fica cheiroso e saboroso.

De Bem Com a Vida

Evite ou Reduza ao máximo que puder:

Carnes, principalmente a vermelha, farinhas brancas, pão branco, açúcar branco, sal refinado, gorduras, frituras, macarrão branco, margarina, óleo de soja, condimentos picantes, salame, mortadela, presunto, chocolate com menos de 70% de cacau, refrigerantes, bebidas alcoólicas, café em excesso, enlatados, leite de caixa, conservantes, cigarros, etc...

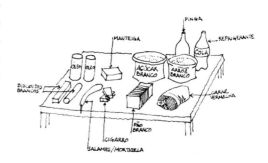

As peles (de frango etc...), o queijo amarelo, contêm muito colesterol. Evite-os. Não dê "peles" nem para os animais, pois terão doenças também.

Dicas para aumentar o bem-estar:

Água de coco: excelente para o estômago e muito nutritiva - auxilia profundamente em casos de depressão e ativa a memória.

Farelo de trigo: bom para regular o intestino, faz uma limpeza interna. Preventivo de câncer - auxilia nas dietas.

Fibras reduzem o colesterol - são boas para o coração e intestinos. Ingerir bastante água quando se come fibras (não ao mesmo tempo).

Arroz Integral: regulador intestinal - alimento completo - reduz o nível de gorduras do corpo. Bom para a pele, dietas e preventivo contra câncer.

Todo vegetal - hortaliças - "verde escuro" (couve, espinafre, etc...) tem vitamina A, cálcio, ferro.

"Amarelos": bons para a visão - prevenção de câncer - têm vitamina A betacaroteno. Cenoura, abóbora, etc.

Coalhada é riquíssima em cálcio. Excelente para os intestinos. Também amêndoas, aveia, brócolis, espinafre, abóbora, folhas de beterraba. Se ainda come carne, passe a ingerir mais peixe (de preferência de água salgada). Brotos de feijão, alfafa, bambu, germe de trigo, etc., são excelentes.

Na prevenção e tratamento da "osteoporose" é importantíssima a alimentação ser rica em cálcio.

O exercício físico e o sol nas horas certas... ajuda a fixar o cálcio e fortalecem os ossos.

> Pitágoras, Sócrates e Platão eram vegetarianos. Eles acreditavam que uma sociedade que come carne requer mais médicos. "Os deuses criaram certos tipos de seres para reabastecer nossos corpos. São as árvores, as plantas e as sementes".

Super Dica

Segundo Cérebro

– Você sabia que os intestinos (chamados segundo cérebro) têm uma grande mensagem a nos ensinar? Neles também são produzidos um dos hormônios mais importantes para o nosso bem-estar: a serotonina. Se os intestinos não funcionam diariamente, poderemos passar mal. Ficaremos enfezados, mal-humorados e intoxicados. O intestino é como o mangue do planeta Terra, com a finalidade de purificação, vida e reciclagem. Tem gente que joga poluentes e aterra os mangues, enquanto outros entopem os próprios intestinos e não imaginam as consequências disso. Quem remoe emoções negativas, também tem dificuldade de eliminar as fezes, tornando-se mais enfezado. Precisa se libertar das emoções, purificando o corpo e a mente.

Suco Verde - Receita Caseira

Fitoterápico natural para equilibrar o funcionamento do intestino e limpar do sangue: tomar em jejum, 15 minutos antes do café.

– Como fazer? Bata no liquidificador três folhas de alface com duas folhas de couve, em meio copo d´água e beba imediatamente. Mude de dois em dois dias a folha verde que acompanha a alface, por folha de beterraba, salsa, acelga, etc.

Este é um dos melhores remédios naturais para o intestino, além da água, do exercício e da limpeza emocional. Ajuda a eliminar peso e traz muito bem-estar. Rejuvenesce! Se quiser adoçar o suco verde, nunca com açúcar, mas pode colocar maçã.

Ervas

Os chás e os aromas são fantásticos remédios, por isso devem ser utilizados com cuidado e orientação.

Evite usar qualquer aroma ou beber chás a todo instante.

Poderá desequilibrar o metabolismo.

O aroma ou chá que é bom para um, pode não ser para outro.

Deixe um especialista no assunto receitar para você, na medida certa.

Os chás devem ser ingeridos até 7 a 8 dias, dando um intervalo de uns 4 dias. E então você alterna com outros. Se houver orientação médica haverá exceções. Todos são curativos. Aprenda o que é melhor para você.

Cápsulas de Chlorella, uma alga de água doce, um dos vegetais mais ricos em proteínas, pois contém 65%, além de alta concentração de clorofila. É desintoxicante, mantém o PH sanguíneo equilibrado, auxilia também no desenvolvimento infantil.

Bom para cistite, sintomas da menopausa, osteoporose, combate alergias, reumatismo, anemia, excelente para o estômago, intestino, fígado e é anti-tumor. É indispensável para pessoas que consomem pouca verdura. Muitos dizem que é a Fonte da Juventude.

Minha irmã fazia as cápsulas de pura Chlorella, por isso tive a graça de conhecê-la em pó.

É maravilhosa. Parece uma seda verde. A Natureza é perfeita e me faz, cada vez mais, crer na beleza suprema do Criador.

Quando me nutro da Natureza pura, penso: – Grata e feliz sou, por experimentar algo tão especial. Permita-me ser tão saudável e harmoniosa quanto vocês. Gratidão mãe Natureza perfeita.

> *"Comer não significa somente satisfação física...*
> *É fundamentalmente defesa de vida... portanto, é um ato moral."*
>
> Dr. Leocádio José Correia

Relógio Biológico – Bússola Interior

Segundo a medicina, os seres vivos têm um relógio interno que indica a hora certa de fazer ou parar de fazer algo, para manter a harmonia e saúde natural. Observe as plantas, que também têm seu próprio ritmo: hora de ser plantada, de aguar, germinar, florir, morrer, renascer. O animal tem o horário para acordar, comer, defecar, dormir, acasalar, gestar, nascer, morrer...

Cada um de nós tem o tempo certo para ser concebido, gestado, tempo para nascer (se não for no tempo certo pode acarretar problemas), hora de dormir, mamar, engatinhar, andar, falar... e partir.

Hoje são feitos excelentes estudos dentro da ciência, comprovando que quem respeita seus "biorritmos" vive com mais saúde e disposição. Cada um tem seu ritmo, e descobri-lo é a chave do equilíbrio.

Por exemplo: o intestino funciona bem no início da manhã, então deve-se respeitar os sinais dele para seguir o fluxo certo. Não ir ao banheiro quando ele pede é violentar este biorritmo. Se não atendo a estes sinais, meu intestino resseca e fica trancado. É assim que iniciam muitas das doenças.

Respeitar os pedidos naturais do corpo é autoconhecimento.

Temos horários naturais para dormir, acordar, nos alimentar... estes horários facilitam a produção dos hormônios, de acordo com a harmonia do sistema corporal.

E estes horários precisam ser descobertos por cada um de nós. Por meio do autoconhecimento cada um conhece seu próprio corpo. Se não me conheço, seguirei os ritmos dos outros, podendo entrar em grande desequilíbrio interior e exterior.

Convido você a descobrir o seu ritmo e melhores horários de funcionar!

– Como é ruim dançar uma música fora do ritmo, não é? Ou dançar com alguém que não tem ritmo.

Não importa a música, se dançarmos no ritmo ficará muito bom.

Quem vive em sincronia com seu próprio ritmo, respeitando o dos outros, chama a atenção de forma positiva.

– Mas chamou a atenção por quê? Porque está fazendo algo "pessoal"-personalizado. Os gênios foram gênios porque eram diferentes, "exclusivos", e ousaram dançar um ritmo diferente na vida. O seu próprio ritmo.

Pois bem, descubra a sua música predileta na vida e dance o "seu" ritmo certo, assim você, no mínimo, terá alegria em viver... Saúde... porque a doença se instala somente quando violamos o nosso ritmo natural interior.

Londres

Um amigo de 20 anos foi morar em Londres e como todo bom jovem que quer aventura e descobrir novas maneiras de viver, foi trabalhar em qualquer coisa, para sobreviver.

Morava em uma pensão e preparava sua alimentação. Tudo pela liberdade de expressão.

Ele cozinhava na cozinha comunitária da pensão e depois lavava a sua louça. Logo no primeiro dia, ao começar a lavar a louça, a dona da pensão chamou-lhe a atenção.

– Por favor jovem, use menos detergente!

Ele ficou meio irritado, mas não falou nada. No segundo dia, ela falou a mesma coisa, e ele pensou:

— Mas que mulher chata! Estou pagando, por que vem controlar o MEU detergente?

E no terceiro dia, de novo, ele então não aguentou e falou:

— Faz o favor de me deixar lavar a louça do jeito que EU quero, estou pagando muito bem e ocupo o tanto que eu quiser deste detergente.

A senhora se aproximou dele calmamente, e levou-o para a janela. Apontou para o rio que corria ali perto e disse:

— Moço, se você quer continuar bebendo uma boa água, tomando o seu bom banho, passeando à beira daquele rio, vendo aqueles pássaros, "manere" no detergente, senão poluiremos estas águas e não teremos mais o que beber daqui a um tempo.

Ele ficou extremamente envergonhado pelo tamanho de sua inconsciência.

Comentou comigo: - Vânia, eu não enxergava a um palmo de meu nariz.

Precisamos urgentemente ampliar nossa consciência e ver que ...

"O que plantarmos um dia colheremos".

"Há duas maneiras fáceis de se mover pela vida: acreditar em tudo ou duvidar de tudo.
Ambos nos evitam de pensar".

Alfred korzybski

Ambiente

O ambiente em que vivemos, assim como o do trabalho, também influenciam nos resultados que vamos obter.

Assim como na cidade, ou em casa é agradável um determinado ambiente para que gostemos de estar lá ou até queiramos levar amigos, no local que trabalhamos também.

No "ambiente" de trabalho, existem alguns ítens básicos que podem ajudar muito:

- Ser limpo e arejado.
- Cores das paredes adequadas.
- Espaço com ótima claridade.
- Móveis e equipamentos adequados na ergonomia.

As cores do local são importantes. É possível combinar determinadas cores, dependendo do tipo de trabalho. Mas, no geral, o que é mais adequado são cores claras nas paredes e algo verde na sala: plantas, quadros, painéis - estas cores ajudam a descansar o sistema nervoso central.

- O verde e o azul, tranquilizam.
- O amarelo e laranja animam e ativam a mente racional.
- O violeta e o lilás podem trazer espiritualidade, quietude – evocam transformação.
- O branco traz calma... e gera um ambiente neutro, harmonioso.

E muitas cores, com variações de tons, são benéficas. Pode-se pesquisar sobre cromoterapia.

A visão e audição têm uma determinada frequência de saturação - se violarmos estes limites, entramos em desequilíbrio gerando estresse nocivo.

– Já lhe aconteceu de estar em um ambiente e se sentir irritado, sem saber por quê?

E quando desligam o som barulhento ou param de funcionar uma determinada máquina... Aaaahhh... que alívio!

A OMS orienta que ambientes com sons de até 55 decibéis trazem conforto às pessoas. Acima disto, até 65 decibéis, as pessoas começam a ficar desatentas e a produtividade cai, gerando dores e tensões. Acima disto ocasiona um nível de estresse tão alto que prejudica realmente a saúde, caindo a imunidade. Acima de 85 decibéis a pessoa precisa usar algum equipamento protetor nos ouvidos.

Frequência sonora de 432 hz é muito positiva para aumentar o bem-estar mental e o poder de foco. O "silêncio" é regenerador e para isto muitos necessitam de treinamento, pois se tornaram barulhentos.

Música ambiente, como sons de natureza, de piano, orquestras suaves, também são bem recomendadas.

Importante testar os equipamentos de ar condicionado. – Estão bem limpos? O ar poluído gera respiração e pulsação cardíaca deficiente, provocando alergias, tosses, dores, com a perda da atenção plena.

Se o ar do local está agradável, corpo e mente funcionam muito melhor.

Sol - Natureza

"Onde não entra o sol entra o médico".

Ditado Popular

Médicos e dentistas estão relatando que alguns jovens estão com os ossos descalcificados, tendo sérios problemas. Ossos quebrando, onde pinos e até dentes não conseguem mais se fixar, caem com frequência, não sedimentam. – O que provoca isto?

Falta de boa alimentação, atividade física e Sol. Com o estímulo da internet, do mundo virtual, as pessoas deixaram de viver o mundo real e o corpo começou a ficar em desuso.

O Sol é imprescindível para a saúde. Muitos tomam gotas de vitamina D, mas não é a mesma coisa. A pele precisa receber o Sol diretamente por, no mínimo, 15 a 30 min., sem vidro na frente, diariamente.

Nossa vida de qualidade precisa recarregar as baterias. Sempre sabendo dosá-lo nos horários apropriados de acordo com o local em que moramos.

São os raios ultravioleta do Sol que produzem a tão importante vitamina D. E se incluirmos uma caminhada ou atividades ao ar livre, melhor ainda, pois assim os ossos se fortalecem e as emoções são descarregadas.

Haverá bom humor e menos agressividade. O Sol e os exercícios fortalecem todo o sistema, melhoram a qualidade do sangue, da linfa, dos hormônios e dão mais disposição e alegria. A exposição ao Sol é recomendada também para curar anemias, depressão, diabetes e mantém a jovialidade.

Fazenda Taquaral

Estava dando uma oficina para professores na Chácara Taquaral, do Colégio Integral. Sentei-me à beira do rio, na grama verde e olhando o movimento da água fiquei devaneando.

Ouvia o som dos pássaros, sentindo o Sol agradável na minha pele, observando os tons alaranjados colorindo as árvores que refletiam no rio.

E entre uma sensação e outra, inspirei e imaginei o "Planeta Terra" sendo um Ser.

Este Ser, tendo uma identidade... um nome: "Terra".

A "Terra" tendo um corpo, contendo os mangues... que são seus intestinos, seus rins... purificando... filtrando a água (seu sangue).

E os rios sendo as veias e artérias: conduzindo a água cheia de nutrientes (o sangue), até chegar ao mar.

Água doce e salgada no Planeta Terra, como o corpo que também tem sua fonte de água doce e salgada. E quanto mais pura a água (sangue), mais abundante a Vida.

– Você sabe que o Planeta Terra tem 70 a 75% de água, igual ao Planeta Corpo?

> Micro e macro cosmos - "Como em cima, embaixo - Como fora, também é dentro".

E, então, já estava absorvida totalmente nesta viagem por este fantástico corpo... a Terra.

Através dos rios, das águas, a Terra vai sendo alimentada...

Pensei: – Se os rios são saudáveis, a vegetação, o alimento, os peixes, as pessoas vivem com melhor qualidade e há abundância. A Terra é mais bonita, com mais vida e é mais gostosa de ser habitada.

E, nesta reflexão, entristeci. Por momentos lembrei-me de alguns rios que estão muito poluídos, podemos chamá-los de "doentes". A vegetação ao lado... deficiente.

Não dá coragem, nem vontade de ficar perto desses rios, doentes e inocentes.

Nem sequer beber da sua água, muitas vezes fétida, alguns peixes perdem a vida tentando ali sobreviver.

E estas águas podem contaminar outros rios, porque algumas pessoas não cuidaram da "qualidade" do que poderiam ali depositar.

Daqui a pouco o Taquaral poderia também estar doente. Pois um rio depende do outro.

Imaginei o Futuro... crianças vendo filmes e dizendo: – Que pena! Eram rios tão lindos, cheios de vida. Por que não cuidaram há tempo?

E começou a chuviscar, mas era tão suave e agradável que não quis sair dali.

De Bem Com a Vida

Refleti: – E se não chover no Planeta Terra, o que pode acontecer?

– O solo pode secar, rachar, as plantas e animais não terão nutrientes necessários, provocando a morte dos seres vivos. Sem alimentos, até os humanos sofrerão. Perecerão.

E então tive um *insight*.

– E se eu não "chover" para dentro (beber água) o que poderá acontecer?

– Posso ficar com a pele seca, rachada, pedras nos rins, intestino preso, mal-humorada, enfezada, gorduras paradas, sangue impuro, as veias podem entupir... quanto mal-estar. Até envelhecimento precoce pode acontecer.

Imediatamente fui até a bica de água pura e bebi na concha das minhas mãos.

Não adianta beber refrigerante, cafezinho... é líquido... mas não é água.

Nenhuma plantinha sobrevive bebendo refrigerante, que contem acidez e açúcar artificial. Na embalagem fala que é natural. – Algo que fica embalado por 6 meses, 1 ano ou mais é natural? Tem gente que gosta de ser enganado e finge acreditar para poder tomar. Cuidado. Sua saúde é seu maior tesouro.

Reflexão Importante

– O que estou depositando nos rios do meu corpo?

– Como estão as águas de minhas terras?

– Como estão as minhas floras?

– O meu corpo está mais parecido com rios de uma nascente pura ... ou com um rio poluído?

Sim, porque tudo o que como e bebo, ao descer para o estômago, vai diretamente para o sangue, e o sangue se espalhará por todas as células, alimentando-as ou destruindo-as.

– Estou sendo uma boa amiga(o) para mim mesma(o)?

– Qual a quantidade de frituras que como por mês ou por semana?

– Quanto de gordura por dia? (margarinas, manteiga, chocolates, óleo de soja, leite, etc...)

– Qual a quantidade de produtos com conservantes químicos? (refrigerantes, enlatados, empacotados, embutidos, etc...)

– Qual a quantidade de alimentos frescos que como diariamente?

– Quanto de água bebo por dia?

Para se ter um corpo vivo, precisamos de alimentos vivos e frescos.

A carne já vem com uma quantidade tão grande de conservantes que quando entra no estômago já está putrefando. Experimente mastigar 20 vezes um pedaço de carne e perceberá o real sabor dela. Não vai gostar.

Sangue bom ... Saúde boa... Água boa... Terra boa!

Dependendo da qualidade do seu sangue, será a qualidade do seu funcionamento integral. Cuidemos também da água de nosso planeta corpo.

Paraíso

Tenho uma imagem do paraíso na Terra

Águas límpidas e transparentes

Peixes saltitantes e coloridos

Aroma fresco de matas vivas

Pássaros bebendo água junto com os humanos

Sorriso espelhado nas águas transparentes

Alegria... Amor... Incondicional

Céu azul e o Sol acolhedor

Onde, em cada inspiração

Surge Inspiração...

E na expirAção... floresce a co-Criação.

Era Uma Vez...

Uma lagarta... que nasceu de pequenos ovinhos, sobre as folhas verdes do chão de uma linda floresta. Rastejava sobre a terra buscando se firmar... Aprendia a viver assim... conhecendo outras lagartas.

Bichinhos se alimentando, subindo nas árvores, abrigando-se na umidade da terra... em um ritmo para muitos, muito lento... e para ela, natural.

Dia após dia, vivendo do seu jeito... sobre a terra. Um dia... chegada uma certa hora, hora que talvez só ela soubesse qual... um processo novo começou a acontecer. Foi tirando a própria pele, tecendo um casulo à sua volta... envolvendo-se inteira... como se protegendo, não sei... E ali, dentro deste casulo, foi ficando por um bom tempo... que a Sabedoria da Natureza determinava como sendo necessário...

Interessante que para muitas pessoas, ao olharem para aquele casulo pendurado em um galho, achavam que ali não havia vida...

– Não há movimento aparente, não há cor, não há som - então não há vida, alguns diziam.

– Outros, curiosos, diziam já ter aberto alguns casulos, e o que viram?

Uma massa se movimentando de forma muito lenta, mas morreu por causa da fenda. Que coisa esquisita, pensavam. E os dias se seguiam.

E, por incrível que pareça... pois existe um tempo para tudo... quando menos esperamos, aquele mesmo casulo vai tomando uma certa tonalidade... um pouco de cor... ficando quase transparente. Começam a aparecer cores ali dentro e suaves movimentos...

E, em um dia especial, o casulo começa a se abrir... e algo começa lentamente a sair de dentro... e a abertura vai aumentando...

É como se um Ser colorido, com movimentos leves... se espreguiçasse, abrindo-se mais aos raios do Sol... e, numa espécie de magia, lindos pares de asas coloridas se estendem... este novo corpo, que nasce ou renasce... buscando no desequilíbrio o seu equilíbrio... se movimenta ainda mais.

E o casulo se abre inteiramente...

– O que vemos?

Uma linda borboleta... que ali está, pronta para voar... voar em direção a luz do Sol para se aquecer... buscando mais brilho... mais energia... mais cores...

Agora, aquela lagarta pode ver e sentir o mundo de diferentes ângulos... sendo borboleta.

Ela voa alto, na copa das árvores... voa, alimentando-se no néctar das flores...

É leve... e livre... é suave... embeleza a vida...

Parecendo frágil... muito forte se revela...

Agora, semeando o pólen das flores que em suas patinhas transporta delicadamente...

Semeia mais vida e beleza na Natureza... encontrando outras borboletas.

E em suas angelicais passagens... entrega por sobre as folhas pequenos ovos, para que nasçam novas lagartas...

Acredito que elas já nascem sabendo, no seu íntimo, que um dia voarão...

E vivem a vida, tranquilamente... rastejando por sobre a terra... para um dia voar livremente.

> Gosto de pensar que nascer, crescer, se desenvolver e morrer, se assemelham a esta bonita história de Trans...FormAção.

Metaforicamente, passaremos por todos os ciclos e estágios.

– Em qual você sente que está neste momento?

– Lagarta? Casulo? Borboleta "aprendendo a voar"? Borboleta voando? Encontrando outras borboletas? Semeando? Encerrando o voo, descansando?

"A vida é de fato escuridão... Exceto lá, onde houver impulsos.
E todo impulso é cego...
Exceto onde houver sabedoria. E toda sabedoria é vã...
Exceto onde há Trabalho. E todo Trabalho é vazio... Exceto onde há amor.
E quando você trabalha com Amor... Você se liga com Você mesmo...
Com o outro... E com Deus."

Kalil Gibran

Sabedoria na Simplicidade

Quando morei em Belo Horizonte, em 1989, aprendi um comportamento útil. Uma amiga levava dentro do carro pacotinhos de biscoito. Para cada pedinte que chegava, ela dava um pacote de biscoitos novinhos.

O resultado era incrível. Resolvi copiá-la. Levo em meu carro pacotinhos de biscoito novos. Quando as pessoas vêm em minha direção no semáforo, apanho um pacote e pergunto: – Você quer?

99% querem. Então converso um pouco com elas (quando possível), ou olho nos olhos e dou um sorriso afetuoso e entrego-lhes o pacote. Saem felizes e agradecidas. Ou, se estiver frio, levo roupas também no carro. Sempre boas e limpas para uso imediato.

Assim, evito dar dinheiro que poderá ser utilizado de uma forma destrutiva. E se eles têm fome, ali mesmo sua fome rapidamente será saciada (mesmo que por instantes).

Evito dizer: - Não tenho nada! Pois isto é uma mentira.

Devemos aprender com pessoas simplesMente sábias.

"Eis um teste para saber se você terminou sua missão na Terra:
se você está vivo, não terminou".

Richard Bach

Vânia Lúcia Slaviero

O Sorriso e a Imunidade

O psiquiatra alemão Rolf Hirsch traz a pesquisa da terapia do riso, no tratamento de doenças psicológicas. O "sistema imunológico" enfraquece diante do mau humor e se fortalece diante da alegria, beneficiando pulmões, coração e libera endorfinas que combatem a dor.

> Ao rir, movimentamos 12 músculos faciais; ao dar gargalhadas, movimentamos 24 músculos faciais, ativando o rejuvenescimento facial. Para ficar de mau humor usamos 126 músculos, fazendo rugas e marcas de tensão.
>
> Rir é o melhor remédio para a saúde física, mental e emocional, trazendo jovialidade.

SORRIA... nem que seja por ECONOMIA!

Quando elevamos os cantos dos lábios e as bochechas por 8 minutos, é ativada uma região no cérebro que dispara endorfinas, e isto aumenta nossa capacidade imunológica.

> Rir rejuvenesce, descongestiona os pulmões e o fígado.
>
> Quando estamos em estado de alegria, todo o corpo entra em processo de autoequilíbrio - o corpo tem uma capacidade de autorregeneração fabulosa.

Um senhor, nos EUA, estava com uma doença terminal. Vivia depressivo, mal-humorado no trabalho, e os médicos lhe deram seis meses de vida.

Ele se assutou e poderia se entregar, mas pensou: – Como eu gostaria de aproveitar meus últimos seis meses? E veio a resposta: – Quero me divertir muito. Xô, tristeza.

Então, pediu alegria para os familiares e começou a conviver com os amigos que eram mais alto astral - selecionou lugares e convivências - começou a passear muito na Natureza, colocando também mais alimentos naturais em suas refeições e muita água pura. Decidiu ser mais bondoso consigo e com as pessoas. Só assistia filmes cheios de vida e comédias - teatros alegres. Passou seis meses com muita alegria - só pensando em se divertir. Passaram os 6 meses, 10 meses, 1 ano... – Ele morreu?

Curou-se totalmente e vive até hoje. Os médicos perguntaram: – O que o senhor fez? Que remédio tomou?

E ele respondeu: – Alegria, Bondade e Natureza.

Pessoas, quando usam drogas, ativam as endorfinas, só que com efeitos colaterais - você não precisa da droga - precisa aprender a se endorfinar.

As endorfinas agem como analgésico natural, aliviando o nervosismo, tensões, dores e até ansiedade.

As endorfinas, como sabemos, são ativadas também praticando esportes. Yoga sempre fez sucesso por ter mais de 20 tipos, cada um pode escolher aquele que se adapte melhor ao seu estilo. Também andar de bicicleta, correr, caminhar, nadar, dançar, fazer musculação, pilates, trilhas, muitas outras atividades individuais ou em grupo são fantásticas. Importante é praticar semanalmente.

E se fizer tudo isto em contato com a Natureza, melhor ainda. Receberá uma carga positiva de Prana (energia vital) trazendo profundo bem-estar e rejuvenescimento.

Há um outro senhor que diz: – "Aprendi com a vida que tudo depende de mim - ser alegre ou ser triste. Diante desta compreensão, resolvi olhar para cada situação que me acontece, seja ela boa ou extremamente ruim, e retirar dela o que há de engraçado.

Como se eu fosse um diretor de teatro cômico - um caçador de comédias.

Um Jerry Lewis, Chaplin, etc..."

E como dizem os sábios: "Sabedoria é rir também das próprias desgraças".

Seja criativo. A vida é sua, a saúde é sua e tudo depende de você.

Quando penso que posso fazer o meu dia a dia ser melhor, que só depende um pouco da minha vontade e criatividade... sinto uma sensação boa, de liberdade.

Não somos marionetes nas mãos dos outros. Temos a opção: Chorar, reclamar ou sorrir.

– Ah! Mas isto é viver num mundo de fantasias!

– Quem disse que o mundo em que você vive é totalmente real? É também sua co-criação.

> **Repita:** – Minha intenção hoje é prestar atenção em todos com bondade e alegria.

Uma História Engraçada

Havia dois amigos, Kardecistas, que jogavam bola há 20 anos, juntos.

Eles diziam que a vida continuava após a morte física e que continuaríam fazendo as mesmas coisas daqui da Terra, lá! Mas não tinham tanta certeza assim.

– Ah! Será que vai dar para jogar um futebolzinho lá?

– Vamos combinar, o que for primeiro vem avisar se a vida continua e se tem um futebolzinho lá também, certo?

Um certo dia, um deles se foi. Passaram-se alguns meses e ele veio conversar com o amigo no sonho.

Oi, amigo, tenho três notícias boas para você.

– Mesmo? Quais são? O amigo da Terra perguntou.

– 1º. Como combinamos, vim avisar que a vida continua.

– 2º. Todo dia tem futebol por aqui.

– E jogam bem? O amigo da Terra perguntou.

– Muito bem!...

– E qual é a 3ª. notícia?

– A 3ª. é que vim lhe dizer que você já está escalado para o jogo do próximo domingo.

"Os pássaros não são felizes porque cantam...
eles cantam porque são felizes".

Anônimo

Bocejar

Bocejar auxilia na descontração do Sistema Nervoso Central. É bom bocejar com a boca bem aberta e soltar sons liberando o diafragma.

O bocejo recompõe a energia do corpo, por isso, bocejamos quando estamos diante de alguém que está sobrecarregado para reequilibrar a energia presente, ou bocejamos quando estamos em um lugar relaxante, pois estamos nos recompondo.

Experimente provocar o bocejo agora... inspirando bem devagar... levando o ar até nos pés imaginariamente... ampliando o espaço interno do quadril e solte o ar com a boca bem aberta... no som da letra Aaahhh...

Esvazie bem os pulmões... como se espremesse uma esponja. Repita umas cinco vezes.

Som Ahhhh

Esta forma de respiração, se você observar com atenção, verá e ouvirá as crianças fazendo instintivaMente... naturalMente. Quando brincam, de repente soltam um suspiro de alívio.

– Aaahhh... com um suave sorriso de bem-estar no final.

Quando estamos com dores, também soltamos estes sons, alguns dizem que é uma espécie de gemido, por isso alguns não gostam.

O Aaahhh alivia dores e cansaços... e relaxa profundaMente. Auxilia no funcionamento dos alvéolos pulmonares.

Com a prática, você sentirá mais e mais os benefícios desta respiração.

> Use com Sabedoria a Respiração Ahhh...
>
> Em casa, antes de dormir, ao acordar, no banho, ao andar, no trânsito, no trabalho... em qualquer lugar... você sentirá o melhor momento de respirar e se soltar mais e mais... Ahhh...

Se alguém o ouvir soltando um bom Aaahhh, poderá até rir... isto quer dizer que provocou um estado agradável em quem ouviu... e, com certeza, depois de uns dias, estará fazendo também.

Quem anda comigo diz que isto é contagioso. Quem recriminava, hoje utiliza deliciosamente o som Aaahhh...

"Somos o que repetidamente fazemos. A excelência, então, não é um ato, mas um hábito."

Aristóteles

Intercale

A respiração normal nasal é a ideal...e, de vez em quando, um som Aaahhh para relaxar.

Minha mestra em Yoga, Monserrat, disse que aprendeu a fazer Aaahhh nas aulas de Yoga comigo... e me sinto muito lisongeada, pois aprendi tudo o que sei de Yoga com ela.

O Aahhh aprendi em 1988, com o grande terapeuta francês Serge Peyrot, na formação em MARP - Morfo Análise e Reajustamento Postural..

"Somente você é responsável por si mesmo. Ninguém mais pode responder por seus deveres quando o ajuste final chegar. O seu trabalho no mundo - na esfera onde o seu karma, sua própria atividade passada, colocou você - pode ser realizado somente por uma pessoa: você mesmo. E o seu trabalho pode ser denominado um "sucesso" somente quando, de alguma maneira, servir aos seus semelhantes".

Yogananda

Aposentadoria - Melhor Idade?

Estudos mostram que quem se aposenta e para de trabalhar, nem que seja em um voluntariado, e que se sente inútil, começa a apertar a campainha para partir da Terra. Quem deixa de ter objetivos, deixa de se sentir útil. Quem não se sente mais útil pode desenvolver doenças rapidamente.

Meu pai sempre falou que aposentadoria pode ser perigoso.

– Minha filha, se Deus quiser vou morrer trabalhando!

Com quase 80 anos, ainda trabalha no pasto, fazendo cerca, açude... pega junto no trabalho pesado com os boias-frias. Ali, sua locomoção é o cavalo. Ele é o patrão, mas trabalha mais do que todos. Acorda às 5h, descansa depois do almoço e continua a jornada até às 18h. Dorme bem cedo e ainda faz a própria comida, lava sua roupa, limpa a casa e faz as compras de mercado.

Resultado: Mais energia e saúde.

Encontramos muitas pessoas que são grandes trabalhadores e de repente se aposentam. O aposentado que não escolher outra atividade envolvente, traçando novos objetivos, vive 50% menos.

Nos momentos que antecedem a aposentadoria, devemos repensar o Presente e o Futuro.

– Onde estou?

– O que quero para mim, daqui para frente?

Muitas empresas ainda não se preocupam em auxiliar estas pessoas a redirecionarem a nova vida, porém, outras mais modernizadas, investem em excelentes treinamentos, dando uma atenção especial para que a saída seja saudável e construtiva.

Nesta fase devemos: criar objetivos e organizá-los ou dar continuidade ao que se vem fazendo, de outra forma.

Buscar formas de automotivação encontrando maneiras de continuar sendo útil.

A pessoa que não se reorganiza e não repensa sua vida corre o risco de entrar em depressão.

É hora da melhor idade. Fazer o que se gosta. Tirar seus sonhos da imaginação e colocá-los em prática. Fazer uma arte, dançar, servir, sem nada querer em troca. Muitos se vinculam a grupos de solidariedade e reaprendem a alegria de viver. Cuidar mais da família, com paciência e amorosidade, e estar em contato com a Natureza.

Ser e sentir-se Útil. Esta é a Chave para uma velhice saudável.

Infância – Planaltina do Paraná

Quando nasci, em 1962, não havia televisão, em Planaltina do Paraná, andávamos alguns quilômetros a pé, à noite, para fazer "serão" na casa de meus tios: Lourdes e Lauro, Itelvino e Inês, Augusto e Odila, Amélia, Jandyr e Beth, Alcides e Deonesta, Terezinha e Hilário, Eleutério, nono, nona e todos os primos. Que diversão.

Eu, sendo a caçula, pequenina, ia na "cacunda" de meu pai, de 2 metros de altura. Seu Delfo Slaviero.

– Uau, que delícia! Era super alto. Via todos vaga-lumes e estava mais perto das estrelas do céu. Que alegria infinita.

Aquilo para mim era a glória. Que felicidade!

Meus pais sentavam-se em uma roda de amigos e parentes, conversando por horas e horas. Cantavam canções Italianas... mamãe com sua voz de Rouxinol.

Parece que ali havia muito mais amizade e alegria. Como bons italianos, discutiam, mas logo faziam as pazes. Era divertido. E nós, crianças, vendo nossos pais tranquilos, brincávamos sem compromisso até cansar. Dormíamos amontoados no chão, com sorriso nos lábios... quanta paz e alegria. Graças a Deus, conheci TV só aos 8 anos de idade. Quando estava passando a novela "As Pupilas do Senhor Reitor", e depois "Irmãos Coragem".

Mas víamos a telinha somente à noite. O dia todo era estudar e brincar muito ao ar livre. Na rua de terra e areião. À noite, corríamos atrás dos vaga-lumes, com nossos bichinhos de estimação.

Hoje, a maioria das famílias não se reúne mais para conversar e cantar. Cada pessoa fica no seu canto, olhando o celular, a TV, e se conversam, são superficialidades ou as desgraças do mundo, que vem empacotada nos noticiários.

Às vezes, me pergunto se não é por isso também que muitos estão em depressão e se sentem frequentemente sozinhos, mesmo no meio de tanta gente.

Muitos não sabem mais conversar. Não conseguem falar sobre si próprios, sobre a vida e suas emoções.

Parece que estão com medo uns dos outros. Medo da vida.

– Se a realidade somos nós que co-criamos, que mundo estamos criando?

Cuidado com as informações que as crianças engolem no dia a dia.

Muitas vezes as crianças adormecem diante da TV e ainda colocamos TV no quarto para servir de sonífero. Quem tem mais conhecimento sabe que isto é extremamente prejudicial à saúde física e psíquica.

– Sabia que todas as informações captadas em estado de sonolência ou dormindo, vão direto para o "inconsciente", e que de inconsciente ele não tem nada?

Muitas e muitas vezes desenvolvemos medos, inseguranças, pânicos sem saber por quê.

Pesquise que tipos de filmes e propagandas você tem assistido à noite, tipo de leituras, conversas que teve durante o dia e reconhecerá muitos desses aspectos.

– Não posso assistir TV? Claro que pode. Existem programas e filmes excelentes. Deixe para assistir os mais leves e divertidos à noite.

Quando é sugerido aos pais controlarem os horários dos filhos diante das telas, eles dizem:

– Ah! Mas mudar um hábito é muito difícil. Eles vão chorar, espernear, gritar... é melhor não me incomodar, e tem mais: eles vão crescer do mesmo jeito.

– Crescem com que qualidade e a que preço?

Eles podem até se tornar bons, inteligentes... mas se cuidássemos um pouco mais eles seriam excelentes.

Conheço famílias que desenvolvem hábitos fantásticos com os filhos e são um ótimo exemplo.

Muitos criticam e acham um absurdo, mas ser diferente hoje em dia está sendo um dos melhores caminhos, pois o que a sociedade chama de normal não está funcionando muito.

Um casal de amigos tem 4 filhos, e quando chega a noite, todos vão dormir às 20h30, aproximadamente. As luzes da casa se apagam e até os pais se recolhem.

Quando as crianças dormem, eles "voltam" à atividade normal.

Já estive na casa deles naquele horário e eles me convidaram a relaxar por uns 40 minutos na sala, enquanto a casa iria dormir. Foi tranquilo e agradável. Deitei no sofá e relaxei. E, em seguida, iniciamos nosso bate-papo, quando as crianças já estavam dormindo.

As crianças cresceram calmas, educadas, inteligentes, alegres e muito saudáveis. E os pais mais De Bem Com a Vida. Ter filhos é ter responsabilidades, senão não os tenha. Vale a pena o investimento em tempo, paciência e amorosidade.

– É difícil mudar um hábito? Sim e não.

Sim, se formos preguiçosos, acomodados. Não, se formos inovadores, disciplinados e criativos.

Lembre-se de que o cérebro também aprende por repetição.

A Cura Natural de Minha Mãe
Meu Exemplo de Vida

Nome: Irma Maria - Idade neste ano de 1997: 65 anos.

Minha primeira professora e de mais da metade das pessoas da cidade em que nasci, alfabetizadora entre 1950 e 1972.

– Formada em faculdade? Não. – Mas uma sábia, uma mestra.

Autodidata com muita criatividade, amor e boa vontade.

Vânia Lúcia Slaviero

Tudo o que nos ensinou, as letrinhas, os sons, foi através da música, do teatro, da poesia, da improvisação.

Criava do "nada". Na época, não havia recursos didáticos. As professoras tinham que inventar, e eram fantásticas a criatividade e os seus resultados. Aprendeu a organizar, sozinha, sua própria vida escolar, seus cadernos e a forma de ensinar. Nunca se aposentou por causa dos erros administrativos da época e esta tristeza ela sentiu.

Até os 40 anos viveu muito o ritmo dos outros, cuidando do marido, dos filhos, trabalhando sem parar como professora. Depois, aos 50, foi ficando longe de meu pai por muitos dias e meses, para nos poporcionar a continuidade dos estudos em uma cidade um pouco maior - Paranavaí, depois Caxias do Sul e Curitiba, tendo que dar conta das dificuldades e da falta de dinheiro. Continuou sendo criativa para dar conta. Foi quando essas mudanças todas e tensões diárias fizeram com que ela se desequilibrasse, e provocaram um problema sério na sua coluna lombar, afetando o nervo ciático, fazendo com que suas pernas enfraquecessem. O excesso de aulas que dava, também provocaram bursite, tendinite, etc.

Muitas vezes, ao andar, suas pernas "falseavam" e ela quase caía ao chão. Ia ao mercado a pé, carregava peso, limpava a casa, cozinhava, e só havia eu e meu irmão, ainda crianças, para lhe ajudar um pouco.

Presenciei isso algumas vezes e me sentia impotente, pois tinha 11 anos e nada conseguia fazer, a não ser ajudar a carregar as sacolas do mercado. Naquela fase, minha irmã morava em outra cidade para estudar e meu pai morava no sítio para trazer o pão de cada dia, com muitas dificuldades. Nunca se ouviu minha mãe reclamar.

Minha mãe não tinha boca para pedir nada, só para orar, agradecer e sorrir. Chorava às escondidas, de tanta dor e talvez de solidão. Mas nada falava, para nós, seus filhos.

Os médicos diziam a ela que deveria operar, pois era uma hérnia de disco na L5, bem séria, além dos desgates. Naquela época a medicina não garantia a cirurgia, ela poderia ficar numa cadeira de rodas. Era o que muitos falavam. Tudo isso nos apavorava. Fez sessões de fisioterapia em Paranavaí e nada resolveu. Tudo ainda era muito precário. Minha mãe sempre foi extremamente fervorosa. Orava muito pedindo ajuda a Deus.

Acredito que, de tanto orar, as portas se abriram e ela foi parar em um consultório de acupuntura que estava recém abrindo em Paranavaí, de um japonês chamado Kentian. Este Sábio fez algumas aplicações de acupuntura nela (algo que era desconhecido na época - muitos falavam que era loucura) e ele, na sua simplicidade, recomendou com firmeza:

– A senhora está "condenada" a fazer para o resto de sua vida alguns exercícios, se quiser melhorar.

Ensinou os simples exercícios, que para ela eram impossíveis. Minha mãe não conseguia nem se mexer direito. Ao flexionar o corpo, sentia dor e as mãos não chegavam nem nos joelhos.

Ela disse: – Ah! Impossível. Não vou conseguir. É muita dor.

E ele reafirmou: – Faça um pouquinho por dia e a senhora vai melhorar. Seja persistente.

Com muita dificuldade, ensaiava um exercício, e chorava de dor.

Mas dizia para si mesma: – Vou fazer estes exercícios todos os dias da minha vida, e VOU melhorar. Acredito nele, vai dar certo. Tenho fé.

Ela colocou toda a fé nas palavras e ensinamentos de Kentian. Ele não faz ideia do quanto foi importante na vida de minha mãe e na nossa vida. Que Deus o abençoe onde quer que esteja!

Por causa da enorme dor, às vezes fazia os exercícios chorando, muitas vezes vinha o desespero, a falta de vontade, o desânimo.

– Hoje não vou fazer. Não está resolvendo nada mesmo.

E vinha a força de sua promessa para si mesma: – Digo não para estes pensamentos. É nestas horas que devo realmente fazer e superar a negatividade que quer me vencer. Vou conseguir.

Ela ajoelhava-se ao lado da cama e rezava. Pedia a Deus e a Nossa Senhora a cura. Imagina o que Kentian havia falado. – A senhora vai melhorar.

Ela então visualizava nas orações o seu corpo melhor. Um dia de cada vez, se exercitava às 10 horas da manhã. Aprendeu a fazer sua rotina de cura. Dedicava minutos preciosos de seu dia para ficar em seu quarto, alongando-se, fortalecendo-se, e a cada dia investia mais um pouco de tempo em si mesma. Depois de alguns meses ainda não percebia nenhum progresso, só se sentia mais serena e confiante.

E depois de um ano de prática, aproximadamente, começou a perceber uma flexibilidade sendo conquistada. Movimentos que ela jamais podia fazer, e aos poucos a coluna foi sedendo, lubrificando e flexionando. Só então sua coluna e pernas começaram a se fortalecer. E ela foi recuperando o brilho de seu sorriso ao andar pelas ruas desniveladas e cheias de buracos, com mais confiança.

Momentos de preguiça, fruto de uma educação sem disciplina, vinham à tona, fazendo-a esquecer os exercícios por uns dias, e então sua coluna já reclamava.

Lições e lições seu corpo foi lhe dando, e ela realmente percebeu que TUDO dependia dela.

— Deixar meus exercícios agora? De jeito nenhum!

Após alguns anos, no anonimato, sem ninguém saber de sua dedicação, ela alcançava saúde corporal e mental.

Sabemos que corpo e mente andam juntos. As conversas com ela eram mais saborosas. Suas palavras de incentivo tornaram-se cada vez mais presentes. Nem meu pai sabia de todo seu empenho e sofrimento.

— Para que reclamar? Vai adiantar? Todos têm problemas na vida. — Ela dizia.

Nunca deixou de fazer suas tarefas. Cama arrumada, roupas lavadas, passadas, casa limpa, café, almoço, jantar, bolo, sobrava tempo para costurar para nós, ajeitar nossos cabelos, sentar conosco para orar, corrigir tarefas, encaminhar-nos na escola e fazer as compras sozinha. Enquanto meu pai estava no sítio, quase o mês inteiro.

Os anos se passaram, e o reconhecimento começou a vir.

— Como sei, se ela não comentava nada?

Tornou-se visível aos olhos de quem a visse e os comentários de todos os lados:

– Dona Irma, como a senhora rejuvenesceu!

– Dona Irma, como é bom falar com a senhora!

– Minha esposa está sempre cantando e feliz.

– Tia, queremos passar as férias com vocês.

– Mãe, como você está bonita!

– Nossa, que ânimo! Até agora está dançando? Nem os adolescentes aguentam o seu pique.

– O que a senhora faz para ser assim?

E um dia ela respondeu: – Ah! Deve ser os meus exercícios diários.

– Exercícios? Que exercícios? E ela começou a mostrar o que fazia.

– Ooohhh! Meu Deus! Que elasticidade. Parece uma menininha, de tanta agilidade.

Ela faz sorrindo o Yoga com seu corpo. Pula, dança, corre se precisar, rola no chão com os netos e jogou até peteca em BH.

Satisfeita diz: – Coluna? Agora ela é minha companheira.

Faz vórtices na maior alegria (giros da juventude) e todos os exercícios que irei ensinar aqui.

Depois de 1 hora de prática, toma uma ducha esfregando bem a pele com seu paninho de algodão, massageando-se, e vai fazer o almoço. O resultado deste hábito é que está sempre bem-humorada, cantando enquanto trabalha. Sua alegria é mexer na terra e cuidar de suas flores. Ela conversa e ama cada plantinha. Todos elogiam seu quintal.

– Mexer na terra é minha terapia. As flores crescem lindas e abundantes.

Aquela vida, que para muitos seria rotineira e chata, sempre a mesma coisa, para ela agora é felicidade.

Meu pai decidiu que agora deveriam construir uma casa e morar em Santa Isabel do Ivaí, perto do sítio, ao lado de meu irmão Glademir, da esposa Rose e dos netinhos – Alana e Guilherme.

Os netos moram do outro lado do muro e ela sempre tem um bolo, um suco e algo para lhes ensinar, brincadeiras novas, paciência, amor e alegria. Eles amam a "voinha" – como a chamam.

Ela não faz isso para agradar aos outros - ela aprendeu a fazer para agradar a "si mesma".

– Jesus nos ensinou: "ama ao próximo como a ti mesma". Estou aprendendo - ela falava.

Minha mãe acha muito interessante e divertido quando as pessoas falam que ela é um exemplo, que eles aprendem muito com ela e muito surpresa diz: – Mas eu não faço nada. Só me cuido e faço minhas tarefas.

Mãe... o "seu exemplo" é a maior herança que poderíamos receber. Se alguém vem visitá-la, ela sempre tem uma palavra boa, uma sugestão agradável, um doce gostoso, uma presença da melhor qualidade. É agradável estar por perto dela. Seu ritmo é certeiro. Ela descobriu o que lhe dá saúde e prazer na vida.

– Dificuldades financeiras existem, mas dinheiro não é tudo, minha filha. Saúde sim. Família em paz, uma comida caseira para comer, um teto para morar e saúde para viver... o que mais quero nesta vida? Gosto de trabalhar e para isso preciso me cuidar. Sou muito feliz, graças a Deus!

Meu pai nos deu um presentão no ano de 1996. Muito quieto, sempre envolvido com seu trabalho e pensamentos, no Natal, inesperadamente, na frente de muitas pessoas, disse para minha mãe:

– Hoje sou mais apaixonado por minha mulher do que há 20 anos. Mesmo quando estamos enfrentando crises financeiras muito grandes, chego em casa do trabalho de cara fechada e a encontro trabalhando, cantando, animada. Ela parece uma menininha. Para mim, é um exemplo de vida e de companheirismo.

E deu-lhe um abraço e a beijou. Foi um dos momentos mais lindos da minha vida.

Acredito que hoje ele está aprendendo a valorizá-la muito mais por ela ter "se valorizado". Por ela ter encontrado dentro de si todos os potenciais que precisava, e não se cansa de aprender.

Vânia Lúcia Slaviero

– Mãe, qual a sua recomendação para se sentir bem e bonita?

– Coma pouco e ingira alimentos frescos. Nunca saia da mesa empanturrada, é melhor ter uma pontinha de fome no estômago. Não beba bebidas alcoólicas, só raramente. Não fume, não tenha vícios. Respire bem, cultive excelentes pensamentos. Cante e dance mesmo que sozinha. Mexa na terra. Fale com as plantinhas. Cumprimente as pessoas na rua com um sorriso, respeite a todos para ter bons relacionamentos. Tenha muita fé em Deus. A vida é boa.

Os exercícios são seu único vício. Um vício saudável. Hoje, domingo, por telefone ela me falou:

– Estou ótima, graças a Deus. Daqui a pouco vou fazer meus exercícios. Se eu pudesse ficaria o dia inteiro fazendo. Eu adoro. Quero viver saudável. O serviço de casa pode me esperar. Meu corpo não.

E o seu tom de voz é de ânimo. É muito bom tê-la por perto.

Ela comenta: – Se eu ficar uns dois dias sem fazer, minha coluna já manda um sinalzinho. Então vou imediatamente me cuidar.

E para completar, ela caminha às 18 horas, todos os dias, com sua inseparável amiga Maria. Uma preciosa amiga/irmã. Caminham por 1 hora pelas ruas de Santa Izabel do Ivaí. E se a amiga não vai, ela vai sozinha.

– Só não caminho aos sábados e domingos.

Mãe, muito lhe agradeço pelo exemplo de vida. A melhor de todas as mestras para mim. Humilde e resignada. Ela pede para ensinarmos o que sabemos para ela. – Me ensinem e me corrijam no que for preciso: - Ela fala.

Tem vontade de crescer como pessoa. Não tem vergonha de aprender. E se ensinamos alguma coisa boa para ela, se a corrigimos (com respeito), se damos alguma sugestão, imediatamente põe em prática, agradecendo.

Ela experimenta. Se sente que é bom, muda o comportamento. Isso é resiliência em ação. Ela aprende com a velocidade de uma criança, talvez por ser Pura de Coração.

Dezembro de 1996.

Esta é minha Mãe... Maria para uns... Irma para outros.

Nas próximas páginas aprenderemos os exercícios que ela praticou, desde o inicio até sua cura total.

"Goethe dizia não se envergonhar de mudar convicções, porque não se envergonhava de raciocinar".

TENTE... INVENTE... FAÇA UM RITMO INTELIGENTE.

"Para mim, não existem judeus, cristãos ou hindus; todos são meus irmãos. Eu presto adoração em qualquer templo, pois todos foram construídos em honra de meu Pai".

Paramahansa Yogananda

Vamos nos Movimentar

Enquanto eu escrevia a primeira parte deste livro em Aruba, conheci Lorena da Argentina, com seus 40 anos. Estava no mesmo hotel descansando. Empresária trabalhando freneticamente. Hoje está adoentada, por isso está aqui à beira-mar, no mesmo local que eu.

— Aqui estou tranquila, me sinto mais saudável, mas quando voltar para meu país, continuarei o meu ritmo agitado e então, volta tudo de novo. Já fico esperando as próximas férias.

Perguntei: — Por que não investe um tempo em si mesma, na sua cidade, diariamente, para se recompor?

— Tenho muitos clientes, não posso deixar de atendê-los, ganho muito dinheiro com isso.

Falei novamente: — Se você não "investir" um tempo em si mesma, na sua saúde corpo/mente, uns 30 minutos diários, por exemplo, depois de uns anos você "gastará" muito do seu dinheiro em médicos, remédios, TENTANDO se curar das doenças que somatizou ao longo destes anos.

Ela parou. Arregalou os olhos, depois sorriu e falou: — Sabe que eu não tinha visto desta forma? Já está acontecendo isto. Realmente é um "investimento" dar uns minutos para mim mesma e uma "economia" a curto e longo prazo.

Percebi que algo fez sentido dentro dela. Palavras como "investimento" e "economia" tinham muito valor.

De Bem Com a Vida

> Utilizei aqui o que chamamos na PNL de "rapport – empatia". Entrei na realidade dela com a intenção de ajudar. Usei palavras que faziam sentido para ela. Também utilizei os "metaprogramas de afastamento e aproximação". Afastar-se da dor e aproximar-se do prazer. Muitas pessoas funcionam assim.

E voltamos a conversar, refletindo, juntas: – É isso que anda acontecendo na sociedade. As pessoas trabalham, trabalham, achando que 40 minutos de caminhada ou um esporte é perda de tempo e que isto irá fazê-los mais pobres economicamente. E no final do dia dizem:

– Ah! Eu quero me esticar na frente da TV, comer alguma coisa, tomar um banho e dormir. Estou um bagaço.

– Oh vidinha sedentária esta, não é?

– E a barriguinha vai crescendo, os ossos enferrujando, o colesterol aumentando, as gorduras se localizando geralmente nas partes mais paradas: quadril, abdômen, peito, varizes aparecendo, dores e como a mente está totalmente ligada ao corpo, que qualidade mental terá esta pessoa?

Perguntei a ela: – Qual é a imagem do futuro de uma pessoa com este ritmo? Você quer um futuro desse para você? Ela franziu a testa e disse: – Não! Quero bem-estar.

– Já percebeu o astral de um esportista? Já percebeu a energia de alguém que acabou de voltar de um esporte, de uma caminhada, de um passeio ao ar livre? Pode estar cansado fisicamente, mas muito bem mentalmente.

Sugestão:

– Está meio *down*? Faça uma boa caminhada. Com certeza se sentirá mais energizado(a).

Experimente e depois julgue. No mínimo um mês de experiência.

Lembre-se: é um INVESTIMENTO para a Fonte da Juventude. O uso faz a função.

"Nada de excessos", tudo na medida exata para seu corpo.

Vânia Lúcia Slaviero

Voltaire

VOLTAIRE - Delegado de Polícia. Mora em Curitiba - Idade: 50 anos.

– O quê? O Voltaire tem 50 anos? Parece que tem 30; se não fosse o bigode eu daria uns 25 anos para ele. O que ele faz para ser assim?

Pois é, Voltaire parece um garotão. Trabalha 8 horas por dia, como quase todas as pessoas.

Arranja tempo para caminhar todos os dias por 1 hora. Da mesma forma que minha mãe, ele faz em casa mais 40 minutos de exercícios do livro "A Fonte da Juventude" e os vórtices.

Joga futebol de salão nos finais de semana. Acompanha tranquilamente o ritmo de seus filhos e ainda "curte" a esposa.

Dedica algumas horas da semana para auxiliar pessoas mais necessitadas que vão à SBEE à noite – centro kardecista que ele frequenta.

Busca cuidar moderadamente da sua alimentação, toma suco verde pela manhã e à noite - não fuma. Voz animada, pensamentos cheios de entusiasmo e positividade. Transborda energia.

– Comecei a me cuidar por volta dos 40 anos, por isso, é só querer. Idade não é desculpa. Precisamos de DISCIPLINA. Quem quer, consegue de verdade. E compensa, pois hoje me sinto muito melhor, mais disposto e mais jovem. Sem comentar que os relacionamentos e o trabalho ficaram mais leves, porque eu estou mais disposto e muito mais saudável.

> *"Assim como é seu desejo, assim será sua vontade.*
> *Assim como é sua vontade, assim serão seus atos.*
> *Assim como são seus atos, assim será seu destino.*
> *Assim como é seu destino, assim será você".*
>
> *Dr. Deepak Chopra*

– Qual o seu mais profundo "desejo" neste momento de sua vida?

Exercícios de Cura – Minha Mãe

Dr. Kentian, japonês, quiropata, acupunturista – ensinou alguns exercícios para minha mãe, em 1970. Ela aprendeu e foi incorporando mais práticas de yoga, sem saber. E obteve a cura, fazendo diariamente de forma suave, simples e disciplinadamente.

Prática da "Fonte da Juventude" Yoga Tibetano – Livro de Peter Kelder.

Ela começou com 1 a 3 repetições cada, depois de um tempo foi para 6. Depois de 2 anos passou para 9, 12, e chegou nas 21 repetições diariamente. Descubra o seu próprio ritmo. Faça aos poucos.

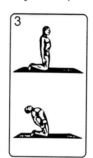

Tive a felicidade de fazer um vídeo de minha mãe fazendo os exercícios. É incrível assistir.

Giros da Fonte da Juventude

Exercício 1 - Vórtices ou giros

Os "giros" são uma forma de equilibrar o campo energético do corpo. Como se fizéssemos uma força centrífuga, descarregando as energias em excesso que estão impregnadas no campo áurico em volta do corpo físico (energia que pode ser fotografada através da câmera científica Kirliangráfica).

Quem tem o hábito de girar, diariamente, fortalece a imunidade.

Faça com o estômago vazio. Todos os povos, instintivamente, têm o hábito de girar - veja as tribos de índios, os nativos, os derviches, os sufis, as crianças e até os animais.

As crianças rodam e rodam. Nós também quando pequenos fizemos estas brincadeiras, naturalmente, mas nossos pais impediam-nos de continuar fazendo, com medo que fôssemos nos machucar. E assim inibiu-se este método natural de reequilíbrio interior.

– Como fazer os giros? Aqui mostrarei uma variação, muito boa, que aprendi na SBEE.

Em pé, abra os braços um pouco abaixo da linha dos ombros e vire uma das mão para cima; outra para baixo. Conexão terra e céu. Fixe um ponto à sua frente, que será a referência para contar o número das voltas.

Girar no sentido horário. Para seu corpo acostumar, comece girando 5 voltas somente e aos poucos vá aumentando, até conseguir fazer 12 voltas, 2 vezes ao dia. Ao finalizar, coloque as mãos sobre os joelhos semifletidos e olhe para o umbigo. Sempre com a respiração livre.

No início é normal sentir um pouco de tontura. Fique calmo que logo passa. Depois, vá desenrolando a coluna lentamente, apoie as mãos na região sacral e olhe para o teto, como no desenho.

Endireite a coluna e faça uma suave massagem circular no cóccix.

– Em seguida faça a sequência da página anterior, do item 2 ao 5. Repita 3 vezes cada, com calma e use a respiração. Relaxe no final.

"Se o corpo é seu "templo sagrado", limpe seu templo diariamente. Escolha com amor tudo o que ali entrar."

VLS

Bolinhas de Tênis: Alivia Dores

As bolinhas de tênis são usadas dentro da fisioterapia moderna como elementos de auxílio no combate a tensões e dores. Meu professor, fisioterapeuta francês Serge Peyrot, nos ensinou a usar, com resultados fantásticos. Sempre que viajo levo na mala as bolinhas.

– Estas bolinhas massageiam profundamente a musculatura e fazem "milagres" - retirando dores e tensões. Além de nos acalmar.

Praticando: deixe do seu lado 2 bolinhas usadas de tênis - amaciadas, ou de borracha (frescobol), nem muito moles e nem duras demais. A prática pode ser feita até com bolinha de meia calça.

Antes ou depois da prática dos 5 exercícios do Yoga Tibetano, deite-se no chão sobre um colchonete fino ou manta e faça esta sequência.

Eleve a cabeça e observe se você está com o corpo centralizado. Ajeite-se confortavelmente, alinhando-se.

Faça uma leitura corporal, constatando como está seu corpo e mente.

Observe com calma as partes que tocam mais e menos no chão.

– Quais partes estão tensas, precisando relaxar mais? Respire ali e coloque sua intenção de bem-estar.

Coloque uma bolinha nas costas, entre o ombro esquerdo e a coluna vertebral, no início das escápulas.

Pode pôr um pouquinho mais abaixo também.

Relaxe respirando, soltando bem o ar ao som da letra Aaahhh...

Solte bem o peso do corpo sobre a bolinha. Faça 5 a 10 respirações.

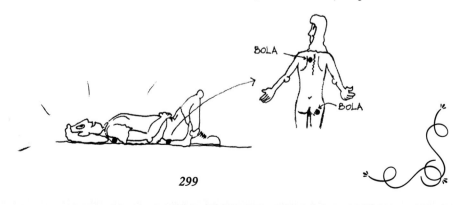

Tire e observe a sensação de um lado e de outro. Compare como ficou.

Coloque a bolinha na mesma posição que o outro lado.

Relaxe respirando, soltando bem o ar ao som da letra Aaahhh...

Solte bem o peso do corpo sobre a bolinha. Faça 5 a 10 respirações.

Cada vez que soltar o ar... sinta o peso do corpo soltando mais ainda para o chão.

Tire e observe a sensação. Agora coloque 2 bolinhas, uma ao lado da outra, um pouco mais abaixo.

Repita as respirações, e relaxe.

Efeitos: Relaxa, corrige a postura, alivia dores nas costas e cabeça.

Variação 1

Acomode uma bolinha embaixo do glúteo direito e uma embaixo do glúteo esquerdo.

Onde o fêmur se une com o quadril.

Imagine que o oxigênio vai até estas regiões, relaxando-as. Solte o ar, imaginando que o cansaço, tensões, estão saindo de seu corpo com o ar. Faça 5 a 10 respirações calmas, relaxando o peso sobre as bolinhas.

Quando sentir um pedido interno para cessar, suavemente retire as bolinhas, com o mínimo esforço possível e observe as sensações.

Fique no mínimo de 5 a 10 minutos. Explore outros pontos próximos a esta região dos glúteos e costas.

Efeitos: beneficia muito o nervo ciático, piramidal, melhora a circulação sanguínea e linfática das pernas, ajuda no funcionamento do intestino, região genital, alivia dores nas pernas e nas costas.

Minhas alunas comentam que esta atividade simplesmente diminuiu, imensamente, a "tensão pré-menstrual". Neste caso, é bom fazer uns dias antes de vir a menstruação.

Variação 2

Poderá usar 4 bolinhas:

2 na região dos ombros, perto da coluna e 2 na região dos glúteos.

Procure se respeitar. Pare e retire se houver dores contínuas.

Muitas vezes, se houver muita tensão no local, haverá dor ao contato com as bolinhas. Mas se fizer a respiração bem concentrada, o desconforto vai se dissolvendo.

Se o desconforto não dissolver com várias respirações localizadas, retire a bolinha do local e coloque um pouco ao lado, ou abaixo, ou acima, dissolvendo as tensões ao redor deste local.

Variação 3 com música

Bola número 6 de borracha. Esta bola é maior e é usada para fazer determinados massageamentos no corpo.

Coloque na região sacral - onde o quadril se apoia no chão.

Deixe os joelhos flexionados - pés abertos na largura do quadril.

Solte, a cada expiração, o peso do quadril para a bola e o peso do corpo para o chão.

Movimente lentamente o quadril sobre a bola - girando - balançando de todos os jeitos.

Poderá colocar música e ir ao ritmo da música, fazendo micro e macro movimentos.

Lembre-se de relaxar a boca e a nuca também. Solte o ar com o som da letra Aaahhh.

Benefícios: melhora o funcionamento do intestino, útero, genitais, sexualidade. Traz mais ânimo e vitalidade por massagear o centro básico do corpo. Só não use em pontos inflamados.

301

Vânia Lúcia Slaviero

Cuidando da Coluna e da Postura

Sentar Assertivamente

Segundo a neurocientista Nazareth Castellanos, "a postura e a fisionomia do rosto interferem na qualidade da vida. Quando a pessoa curva a coluna e olha para baixo franzindo olhos e testa (ex.: olhando muito no celular, computador), está ativando um código neuronal de tristeza, mal-estar. Não importa o que aconteça ela interpretará de forma mais negativa.

Se a pessoa estiver de coluna ereta, olhando para frente com o semblante do rosto relaxado, não importa o que aconteça, ela tenderá a interpretar de uma forma mais positiva, construtiva, pois é ativado um código interno de bem-estar." Na postura curvada além de ter maior sobrecarga nos discos intervertebrais, podendo levar a dores constantes, também é a postura da depressão.

Postura ideal é aquela na qual é exigido o "mínimo de esforço" e gasto energético do aparelho locomotor, permitindo o maior tempo de "permanência" possível na posição desejada, sem causar danos.

Para reaprender a ter boa postura, é preciso fazer algumas coisas no início, até amolecer as couraças que nos impedem de ser mais leves.

Pessoas que sentam no cóccix: é uma posição confortável por alguns minutos. Observe o que acontece com seus órgãos. Os pulmões, coração e estômago estão comprimidos e isto prejudicará todo o funcionamento corporal e mental.

– Como se sentir bem quando se fica por horas nesta posição errada? Não tem como ficar De Bem com a Vida.

Para sentar, saudavelmente, necessitamos conhecer dois ossinhos do corpo humano. Os ísquios. Ísquios são 2 ossos pontudos embaixo das nádegas.

Deixe os pés no chão - paralelos - mantendo a abertura das coxas na largura do quadril. Pés nem muito abertos, nem colados.

Quando sentir os 2 ossinhos, balance seu quadril de um lado para o outro, aproveitando para massageá-lo.

Ao localizá-los, empilhe a coluna sobre o quadril, relaxe os ombros e o rosto.

– Pronto! Isso é uma boa postura.

Ao contrário da anterior, agora os pulmões estão livres para respirar melhor, o coração e demais órgãos estão tranquilos, sem pressão. Assim acessamos nesta postura a sensação de bem-estar saudável.

> **"Código De Bem com a Vida"**
>
> Olhe para frente acima da linha do horizonte, relaxe entre os olhos e eleve o canto dos lábios suavemente. Respire calmaMente... esvazie-se! Repita: – Calma!

Aprenda a gostar do que lhe faz BEM. No início é estranho, depois tudo fica mais fácil. Pense no quanto você lucrará tendo hábitos como este. O quanto de beleza e saúde você ganhará.

Todos os impulsos - *inputs* - do meio ambiente, são levados ao cérebro pela coluna, e no cérebro são decodificados, transformados em respostas - reflexos - e assim o corpo reage - responde.

Se a postura estiver curvada e o rosto tenso, seus reflexos e reações serão limitados e ruins. Se a postura é ereta, o rosto relaxado e a respiração calma... sua reação será muito melhor e mais assertiva. Experimente!

Sentado... Descanse

Muitos carregam o mundo nas costas, provocando grandes dores nos ombros e costas.

Sugestão: se sua cadeira for de encosto, vire-a. Sente-se de frente ao encosto e coloque as axilas sobre ele, encaixando-as. Descanse os ombros, largando-os por instante. Esvazie a mochila energética. Aproveite para soltar e relaxar os pensamentos e a cabeça. Aaaahhhhh...

Vânia Lúcia Slaviero

Yogando em Qualquer Lugar

Muitos dizem não ter tempo para fazer exercícios e ficam sedentários adoecendo. Aqui está um recurso poderoso: Vamos estimular a circulação sanguínea. Ande e corra em pé ou sentado dentro de uma sala se for necessário.

1. Sentado sobre os "ísquios", imagine-se caminhando sentado.

2. Faça o movimento total dos pés no chão.

3. Calcanhar, ponta dos pés, calcanhar, ponta dos pés...

4. Caminhe alguns metros sem sair do lugar.

Corra sem sair do lugar.

Empurre bem a sola dos pés no chão e movimente-os.

Faça isto em qualquer lugar.

Pés são como raízes. Quanto mais fortes e agarradas ao chão, mais liberdade a árvore terá para se balançar ao vento... terá mais liberdade de movimentos. Com pés firmes no chão, a espiritualidade tem espaço para se desenvolver com mais segurança.

– ENRRAIZE-SE !!!

Postura do Gato

Segundo fisioterapeutas alemães, um dos melhores movimentos é o engatinhar.

Ativa as grandes articulações, fortalecendo os músculos, beneficiando o coração.

A posição do gato, nos quatro apoios, relaxa a coluna e os órgãos internos, aliviando dores.

Minha mãe tinha uma vizinha idosa que estava na cama há anos. Raramente andava, só com muita ajuda.

Um dia ela sugeriu brincarem de engatinhar, como bebês. Colocaram ela no chão com cuidado e, aos poucos, minha mãe foi estimulando o engatinhar junto dela. Fizeram isso por várias semanas. Era divertido. Rezavam o terço no chão, para descontrair. Quando perceberam, ela já engatinhava bem e começou a se levantar sozinha, voltando a andar sem ajuda.

Fique na posição do gato e brinque com suas costas, usando a respiração. Faça movimentos bem descontraídos. Engatinhe!

Variação 1 – Aliviando dores da lombar

Fique na posição do gato e depois fique de joelhos.

Coloque um pé na frente, um pouco à frente da linha do joelho desta perna.

Desça o quadril o máximo que puder sem forçar, esticando mais a perna que ficou atrás... Mantendo a coluna ereta...

Ombros relaxados, boca levemente entre aberta ou com os cantos dos lábios erguidos e nuca alongada. Permaneça por 3 a 5 respirações conscientes.

Volte. Fique de joelhos e faça para o outro lado.

Permaneça em respiração consciente, relaxando os outros músculos.

Variação 2 – Para o ciático

De joelhos... vá escorregando uma perna para trás, até você deitar sobre a perna da frente, como se fosse colocar o peito no joelho da frente. Vire o pé desta perna anterior um pouco para dentro. Relaxe a cabeça no chão, se puder. Vá até o seu limite diário. Respeite-se.

A cada dia, seu corpo irá se flexibilizando mais e mais, com certeza.

Fique tanto quanto for confortável...

Volte bem tranquilo. Repita para o outro lado.

Este exercício é maravilhoso para recuperar os nervos... principalmente o ciático e traz agilidade para o andar.

Cócoras

Ficar de cócoras à moda dos índios é excelente para a saúde da coluna, coxas e órgãos genitais, pois fortalece a musculatura e promove um ótimo alongamento da costas.

Para as mulheres é rejuvenescedor. Fortalece o períneo.

Como fazer: agache-se com calma, ou ,se sentir dificuldade, apoie a mão na parede e desça devagarinho. Abra os joelhos e pés e direcione seu quadril para o chão. Se possível, coloque as solas dos pés completamente no chão, promovendo maior alongamento do nervo ciático. Pode relaxar a cabeça para frente, alongando a cervical também. Respire calmamente, esvaziando bem os pulmões.

Variação: quando estiver de cócoras, faça "mulabandha" – contraindo e relaxando a região dos genitais, no ritmo da respiração. É excelente para prevenção de incontinência urinária e outros problemas. Traz saúde e bem-estar, aumentando a vitalidade e a libido.

– "O bem-estar e a flexibilidade são conquistas diárias. Seja perseverante". - diz minha mãe.

Alongando e Harmonizando o Ciático

Deitada de costas no chão: Alinhe o corpo, alongando a nuca.

Dobre os joelhos, unindo-os e os pés também, com a lombar encaixada e bem próxima do chão.

Desça os joelhos juntos, para o lado esquerdo, enquanto a cabeça vai para a direita.

Permaneça assim por 5 respirações, oxigenando a coluna. Depois, volte devagar e vá para o outro lado.

Repita o mais calmamente possível.

Relaxe a nuca, a cabeça... as costas.

Depois, abrace os joelhos sobre o abdômen.

Eleve a cabeça na direção dos joelhos, soltando o ar dos pulmões. Volte, relaxando.

Ainda segurando os joelhos juntos, apoie a cabeça no chão, e balance suavemente os joelhos de um lado ao outro, massageando as costas no chão.

Para sair da posição deitada para sentada, vire o corpo de lado e apoie a mão no chão. Não force a coluna de frente para sentar-se.

Todos temos a Sabedoria Interior que nos orienta sobre o que é melhor para nós mesmos, basta ouvir, sentir e se respeitar. Escute-se e respeite-se.

Vânia Lúcia Slaviero

Chacoalhe-se

Este corpo, nossa casa, muitas vezes está tão bloqueado que brotam dores que nem sabemos de onde vêm. São tensões antigas, que precisam espaço para serem dissolvidas. Chacoalhar todo o corpo é uma alternativa supereficiente e também pode ser feita em qualquer lugar, de qualquer jeito.

É só imaginar que as "tensões" estão escorregando pelas mãos, enquanto você se chacoalha. Imagine-as indo para a terra.

Chacoalhar para todos os lados, como se fosse uma molinha. Pés bem firmes no chão, joelhos semiflexionados.

Quanto mais os pés estiverem firmes no chão, mais o corpo se sentirá livre para se mover.

Pratique também no banho. Embaixo do chuveiro, solte a cabeça para frente e chacoalhe seu corpo. Solte os braços e ombros. Imagine todas as tensões do dia saindo, escorrendo com a água, indo para o ralo.

Enquanto você se chacoalha, a água vai lavando e levando, e a Terra vai absorvendo e transformando, todos os excessos em adubos.

Use estes métodos simples sempre que seu corpo "sinalizar cansaço". Saiba a hora de parar e cuidar de si mesmo, e assim terá mais saúde corporal e mental. Pode ser usado nas empresas e sala de aula com os alunos(as), para trazer mais disposição nos estudos.

Uma paradinha de 5 minutos, fazendo movimentos descontraídos, renova a energia e traz muita disposição.

Faça sons no chacoalhar, tipo o Guiberish, e terá excelentes resultados, além de ser divertido.

"Na Natureza, nada se cria, nada se perde, tudo se transforma".

Antoine - Laurent de Lavoisier

Guiberish

Muitos guardam tensões por não falar o que pensam, por medo de magoar. Engolem sapos e têm até problemas estomacais. Quando seguram demais a comunicação violenta, o corpo sofre.

Guiberish é uma vivência indiana milenar. Auxilia imensamente no desbloqueio, além de ser divertida.

Guiberish é a linguagem que não existe. Muitos gostariam de falar algumas coisas, mas têm medo que alguém ouça. Guiberish diz:

– Coloque seus pensamentos para fora, sem se preocupar. Ninguém vai entender mesmo. Só você.

– Como fazer?

Fale de 3 a 10 minutos sem parar, o que vier na mente, mas numa lingua que você vai inventar, misturando mandarim, com árabe, francês, português, inglês, indígena, sânscrito, lingua até de outro planeta.

Fale alto, baixo, gesticulando, imaginando que está falando com alguém, e que está falando tudo o que quer, sem avaliar, sem se autocriticar. Fale consigo mesmo, fale com Deus, fale com quem vier à sua mente.

Esvazie-se..

Pode gritar... chorar... rir... gargalhar... ou só falar e gesticular.

Depois, fique em silêncio e observe como se sente.

Ótimo para aliviar os turbilhões da mente, trazendo calma interior.

Bom fazer em casa, no banheiro, dentro do carro, no campo...

O efeito é semelhante a escrever três páginas sem pensar no que está saindo. Descarregamos PlenaMente. As endorfinas são liberadas rapidamente.

Depois de ficar *expert*, ensine aos amigos e pratiquem juntos. Conversem em Guiberish e deem gostosas risadas. No meu canal do youtube demonstro como fazer.

Vânia Lúcia Slaviero

Vocalizando as Vogais

— A ciência detectou que as vogais têm efeitos interessantes no corpo, assim como os mantras. Cada vogal faz vibrar determinadas partes do corpo, beneficiando glândulas e órgãos.

> A: libera o diafragma - beneficia pulmões, coração, glândula timo, acalmando e trazendo bem-estar e alegria.
>
> E: beneficia as glândulas tireoide e paratireoide, garganta, amigdalas, cordas vocais e melhora a comunicação.
>
> I: beneficia as glândulas pineal, hipófise, hipotálamo, cérebro. Melhora a memória, concentração e acalma a mente.
>
> O e U: beneficia as glândulas supra-renais, pâncreas, glândulas sexuais - ótimo para o estômago, intestinos, fígado, rins e bexiga. Excelente para melhorar a locomoção.

Meu pai tinha dores de cabeça fortíssimas. Ele dizia ter um tumor no cérebro, mas fazia exames e nada aparecia. Acordava de manhã e começava a dor, passava o dia com ela, era uma loucura!

Então, o Dr. Leocádio lhe falou: — O senhor anda muito preocupado. Vocalize 10 minutos por dia o som iiii. Para acalmar as preocupações. Vai ajudar muito. Pode fazer em qualquer lugar.

Meu pai, ao acordar, pensava de forma pessimista, não encontrando saída para os problemas e ficava remoendo seus pensamentos, como se isso fosse resolver.

Este processo era tão automático que ele nem se dava conta dessa "estratégia" mental ineficiente. Estava levando-o ao estresse.

Sem acreditar, começou a vocalizar "iiiii-iii" enquanto dirigia sozinho até a fazenda, pois tinha vergonha.

E em pouco tempo as dores desapareceram e ele começou a se divertir cantando.

Como Vocalizar

Inspire lenta e profundamente e esvazie os pulmões, entoando o som iiiiiiiii...

Inspire levando o ar até o abdômen e... solte iiiiiiiii...

Até esvaziar bem os pulmões. Faça por 3 a 5 minutos.

Faça o som bem nítido do iiiiiiii, senão pode misturar com eeeeeeeee.

Faça com atenção no som... nas sensações, no aqui e agora.

Pode praticar em diferentes tons, fazendo como uma espécie de melodia própria.

Pode diferenciar a entonação de um dia para o outro, dependendo de seu estado interno.

Faça de acordo com sua inspiração.

– Vamos experimentar? Escolha uma vogal.

Inspire e expire soltando o ar no som da vogal...

Perceba a vibração no corpo.

– Inspire... levando o ar o mais profundo possível, e solte o som, esvaziando bem os pulmões...

– Repita de 5 a 10 vezes.

Se você estiver em um local que não dá para cantar alto, faça bem baixinho ou mentalize.

E assim poderá fazer com todas as vogais.

Escolha qual vogal quer vivenciar no dia. Deixe sua intuição sugerir. Poderá, às vezes, fazer mistura de 2 vogais.

> **Se dê este Presente!**
>
> Em vez de ficar cantando o iiiiiii e pensar: tenho que telefonar, tenho que ir no mercado...
>
> Fique atento ao som e às sensações. Mantenha-se no Agora.
>
> Sinta a temperatura... os movimentos... sons... emoções... sinta a Vida Presente.

Variação 1

É muito bom fazer esta vocalização em pé, movimentando o corpo bem lentamente... aleatoriamente, de acordo com os pedidos internos... como um espreguiçamento suave e harmonioso. Ou até mesmo sentado.

Variação 2

Mentalize a cor azul, enquanto vocaliza, nos primeiros dois minutos. Mentalize a cor verde nos últimos três minutos.

O azul é tranquilizante. O verde é cura e harmonia, age como fixador das outras cores. Por isso, usamos sempre no final de qualquer mentalização de cores.

As cores têm um efeito fantástico no psiquismo, assim como os aromas naturais.

Trazem reequilíbrio, ânimo e energia.

Observe-se em um dia cinza... escuro.

– Como fica seu astral? Seu ânimo?

Algumas pessoas gostam de dias cinzas, a maioria quer um dia gostosamente ensolarado.

– E como se sente diante da Natureza, em um dia com o céu azul e um pôr do sol alaranjado?

Diante do mar azul, ou verde claro, campos, árvores...

Sentindo o aroma da brisa, das flores, o cheiro da mata nativa...

– Como fica seu astral? Seu ânimo?

As pessoas nos cursos dizem: – Nossa! Só de pensar já me deu bem-estar.

Por isso, é bom ter em casa e no ambiente de trabalho cores claras que inspirem a Natureza, ou estar diretamente dentro dela.

E o aroma de "limpeza, bem arejado" sempre vai funcionar. Se está em sua casa, pode escolher uma essência aromática que seja agradável ao seu olfato. Mas se está em ambiente coletivo, o ideal é não usar nada.

Deixe agir o cheiro natural de limpeza, bem ventilado, pois os aromas são muito individuais e o que é bom para um pode ser prejudicial para o outro. Alguns aromas chegam a dar alergias. Menos é mais.

Procure um especialista em aromaterapia e cromoterapia e faça aplicações em sua casa, no trabalho e em seu corpo, use lâmpadas coloridas.

Especialistas da saúde dizem que, no futuro, as curas se darão essencialmente através dos sons, aromas e cores.

Variação 3 - Rejuvenescendo o rosto, liberando endorfinas

Inspire, e fazendo GRANDES movimentos com a boca, cante:

– Aaaa... eeee... iiiiiii...... oooo.... uuuu...abrindo bem a boca...

Repita de 5 a 10 vezes. Cante bem alto. Cante bem baixo...

Faça com amigos, filhos, netos, sobrinhos... divirtam-se!

Faça dentro do carro enquanto dirige. Ninguém escuta, fique tranquilo.

Delicie-se com os resultados.

 Vânia Lúcia Slaviero

Boneco de Pano

Descarregando e Alinhando a Coluna

Para fazer em dupla (X e Y).

X em pé - pernas semiflexionadas, pés e joelhos entreabertos na largura do quadril.

Fio de prumo alongando a coluna para o céu, buscando seu eixo central.

Começa a enrolar vértebra por vértebra, bem devagarinho, começando pela cabeça, ombros, cintura, quadril, até o seu limite, sem forçar.

Fica pendurado como um boneco de pano, até o final da atividade. Braços soltos.

Y - Posiciona-se à frente, pede permissão para tocar, fricciona as palmas das mãos, uma na outra, enquanto mentaliza: bem-estar.

E então, segura firmemente as escápulas de X e começa a balançar, chacoalhar, soltando as tensões das costas dele(a).

Depois, massageia toda a coluna, rodando os polegares em cada vértebra.

Massageia os ombros, pescoço, nuca, fazendo a ativação da circulação linfática e sanguínea.

X, que recebe os cuidados, deve fazer a respiração livre abdominal, soltando às vezes o ar pela boca num suspiro - aaahhhh...

Permanece com os joelhos semifletidos.

Ao terminar, de olhos abertos, vai subindo vértebra por vértebra, bem devagarinho.

A cabeça será a última a subir. Perceba os efeitos.

Se subir muito rápido é natural ficar um pouco tonto pela oxigenação cerebral. Se isso acontecer, é só esperar alguns segundos que volta ao normal. Por isso empilhe a coluna lentamente.

Y também deverá respirar livremente, enquanto faz, soltando suas costas, permitindo-se sentir bem-estar ao cuidar do outro.

Depois troca - X faz em Y.

Boneco de Pano Individual

É o mesmo exercício anterior, porém feito sozinho.

Os empresários dizem que este é um dos exercícios mais gostosos e relaxantes.

Fácil de fazer e descarrega realmente as tensões das costas e ombros. Pode ser feito em casa, no trabalho, no banheiro, no ponto do ônibus, em qualquer lugar, até esperando o avião.

Efeitos: Corrige a postura. Melhora a memória, pois irriga mais o cérebro. Excelente para os órgãos dos sentidos, para a pele do rosto, cabelos... Recupera o ânimo e a disposição.

Faça 2 vezes por dia: no início do dia e à noite.

Para aumentar a energia do corpo, fique nesta posição do boneco de pano, até tremer as coxas, e então permita este tremor se espalhar por todo o corpo. Sempre deixando a respiração livre, soltando sons pela boca.

Libera a energia parada, fortalece o quadríceps, dando mais segurança aos movimentos e no andar.

É uma delícia!!!

"O corpo é seu templo. Mantenha-o puro e limpo para que a alma possa residir nele".

Iyengar

Vânia Lúcia Slaviero

Hamiltom Simioni

Sr. Hamiltom, ser humano que me encantou muitíssimo e que por razões que só o Universo conhece, estava no avião da Tam que caiu em 1996, em São Paulo.

Na época eu fazia voluntariado na creche humilde da Vó Raimunda, mulher simples, de muita força e determinação. Lá estava ele, sempre levando uma palavra amiga, alimentos e ajudando no pagamento dos funcionários.

– "Seu Hamiltom " mais parecia um anjo de olhos verdes - como todos lá o chamavam. Era um homem alto, forte, descendente de italianos; no meio das pessoas reluzia Amor e Vontade de "ajudar o seu semelhante". Este senhor de 48 anos, dono de um frigorífico no Mato Grosso, vinha ali na creche e, nas pequenas conversas, pedia-me para ensinar às professoras a amarem mais as crianças - em não pensarem só em receber no final do mês - ensiná-las a serem mais carinhosas... E acrescentava:

– Isto é o que realmente importa e tem valor na Terra. Só levaremos isto para o lado de lá.

Ninguém sabia, e eu só soube depois que ele partiu, que ele dava assistência a inúmeras creches no Brasil. Ele realmente exercitava as palavras de Cristo:

"Que a mão direita não saiba o que a esquerda faz".

Os funcionários dele afirmam que quando ele chegava ao frigorífico, as primeiras perguntas que fazia, eram: – Vocês estão bem? Como está em casa?

A preocupação era com a pessoa em primeiro lugar e não somente com a produtividade. Provavelmente sabia que a pessoa estando bem, o trabalho também estaria.

Ele dizia ser feliz. Ele sorria com os olhos. Como se não bastasse, além de tudo o que ele já fazia, alguns dias antes de partir para o plano espiritual, deu um jeito de auxiliar mais as "crianças aidéticas" de Curitiba, que ajudava há mais de um ano. Conseguiu na prefeitura um terreno para construir a casa para elas serem atendidas.

Alguns devem estar pensando: – Ele faz porque tem dinheiro.

Muitos tem muito mais dinheiro e nada fazem. E outros nada têm e lá estão ajudando também. Ele realmente viveu o Amor pelo próximo e acredito que assim se encontrou. Extremamente ocupado, mas sempre tinha um tempo para todos. Além de tudo, deixou um presente para os filhos. A Fé em Deus, o seu desprendimento, a busca de uma vida mais espiritual.

Seus filhos, maravilhosos, e a especial esposa, Marisete, hoje continuam sua fantástica missão. Uma frase estava sempre em seus lábios, segundo sua esposa:

– "Sem Deus não sou nada! Ninguém é nada. Devemos estar diariamente com Deus".

A presença dele era tão forte, que ainda hoje sua energia Vive Presente. E onde quer que esteja Sr. Hamiltom, leve nossa gratidão. O nome da creche passou a ser "Creche Hamilton Simioni" em sua homenagem.

Se estudarmos a vida destes exemplos e de muitos outros, perceberemos algo em comum: o "auxílio ao próximo". Não importa se você tem ou não uma religião, pois religião é Ação. Só através da ação diária, fazemos oração, vivemos a verdadeira religião.

"Para se manter no equilíbrio da vida é preciso saber Dar e Receber".

Deepak Chopra

Pense:

– O que tenho feito na minha vida que "não" é bom para mim?

– O que tenho feito e que é bom para mim?

– O que posso fazer por mim para melhorar?

– O que posso fazer mais pelo mundo ao meu redor?

Vânia Lúcia Slaviero

Corpo Emocional

Órgãos	Emoções em harmonia Práticas recomendadas	Emoções em desequilíbrio
Coração	Alegria, calma: Amar - cantar - doar	Euforia, ansiedade
Pulmões	Aceitação, perdão, serenidade: Respiração - aroma - terapia - chorar - cantar	Tristeza, mágoa, apatia, depressão
Rins	Coragem, desapego: Yoga - esportes - dançar	Medo, apego
Fígado	Confiança, fé: Alimentação - jejum - gritar	Raiva, ira, ódio
Estômago, Baço e Intestinos	Saber pensar e silenciar: Meditar - bom humor.	Preocupação, agitação, estresse
Pele	Limite saudável, afeto: Massagem - Natureza - banhos	Alergias, invasão, abandono
Mãos	Doação, carinho, desapego: Artesanato - mexer na terra	Escassez, dependência, apego
Pés e Joelhos	Saber o que se quer e aonde ir. Flexibilidade: Caminhar ao ar livre - Yoga - esportes - escalda pés	Insegurança, rigidez, orgulho

"Cada átomo contém o Todo. Mude algo sutil e sua vida se transformará".

Limpando e Reprogramando

Observe o quadro do "Corpo Emocional" e faça uma autoanálise:

Reconheça: – Qual parte do corpo está chamando a atenção?

Localize e Observe: – O que tem ali? Como se manifesta?

Atuação: respire e use alguma das técnicas ou use afirmações.

Ex.: Se são meus rins que estão reclamando e sinto dores nas costas ou dificuldade para fazer a limpeza do sistema urinário... então repito em voz alta:

– Minha consciência escolhe LIMPAR meus rins e deixar sair... deixar ir embora.

– Minha consciência escolhe me desapegar e ser corajosa. Eu sou corajosa e desapegada.

Repetir muitas vezes durante o dia como uma oração ou mantra.

Use o mapa e construa bem-estar e saúde natural.

Sugestão: Ao deitar-se para dormir ou relaxar, mova-se o máximo no início, e então encontre uma boa posição e entregue-se a ela. Fale baixinho e com calma para cada parte do corpo, solte... relaxe. Dos pés até a cabeça. Muitas vezes na metade do corpo a pessoa já adormeceu.

É comprovado que quando uma pessoa relaxa profundamente por um período de 15 a 40 minutos, é o suficiente para reabastecer todas as energias - e equivale a 3 horas de sono.

Nas minhas aulas de yoga, quando conduzo os relaxamentos ou meditações, as pessoas comentam: – Descansei mais aqui em 30 minutos do que durante uma noite toda de sono.

Os osteopatas recomendam deitar de abdômen para cima, com o corpo alinhado, durante uns 15 minutos diariamente (em colchonete fino no chão ou manta). Auxilia a corrigir problemas na coluna, aliviando muito as dores. Os ossos se alinham corretamente e os músculos relaxam na medida certa. Se precisar, no início, use uma almofada embaixo das coxas.

Gosto de pensar que vamos aprendendo o que fazer para sermos mais saudáveis naturalmente."

É muito bom estar com as pessoas nas empresas ensinando estes pequenos detalhes. Os funcionários agradecem e se divertem muito quando mexem o corpo de uma forma saudável e harmônica.

Percebo o quanto estão com tensões bloqueadas no corpo que habitam e não sabem. Quando se mexem com o propósito de autoconhecimento, ficam felizes. O sorriso é autêntico e pedem mais e mais.

Desde o funcionário até o presidente da empresa, comentam: – O ambiente de trabalho torna-se mais agradável, bem-humorado. As pessoas tornam-se mais amigas e isso reflete na produção com mais qualidade. Alguns empresários no início perguntavam: – Vão parar a produção para fazer exercícios? Vamos perder dinheiro!

Mas depois da capacitação falam: – Ganhamos mais qualidade na saúde, nas relações e na produção. Excelente!

Vânia no quintal de sua casa

"Seja amiga(o) do chão. Deite-se, aproxime-se e faça bem-estar".

VLS

De Bem Com a Vida

Como Carregar Pesos

Há quem carrega pesos emocionais nas costas como uma mochila bem pesada, e com os recursos deste livro aprendemos a esvaziar esta bagagem.

E há quem carrega bolsas pesadas, mochilas, malas cheias do que pensamos ser de extrema necessidade. Estes também precisam aprender a administrar as tensões musculares, senão poderá ter escoliose, cifose, hérnia e muitas dores.

Necessitamos organizar a Postura Emocional e também a Corporal. Por isso, ao carregar pesos materiais, mantenha a coluna ereta, alongada e leve a bolsa por 10 minutos em um braço ou mão, e 10 minutos no outro. Assim vai alternando o equilíbrio muscular do corpo.

Se for mochila, use um tempo nas costas, um tempo na frente, buscando manter o centro do corpo. Nem para trás e nem para frente.

Como levantar e carregar pesos:

1º. Manter a coluna alinhada.

2º. Manter a carga o mais perto possível do corpo.

3º. Distribuir a carga uniformemente sobre os 2 pés.

4º. Associar a respiração. Nas flexões e torções da coluna, solte o ar dos pulmões livremente. Pode ser também pela boca... ahhhh...

5º. O maior esforço deve ser realizado pelos membros inferiores.

Experimente!

"Um diamante terá menos valor só por estar coberto de lama?
Deus vê a beleza imutável da sua alma.
Ele sabe que nós não somos os nossos erros."

Paramahansa Yogananda

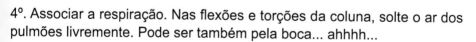

Vânia Lúcia Slaviero

Alongamentos Laborais

Sugestões do Toni, meu primo do Rio de Janeiro.

Aprendi com a Cleuza e faço estes movimentos para aliviar o cansaço, enquanto trabalho muitas horas sentado em frente do computador. Com calma, levo a atenção para a cabeça, nuca e ombros. E percebo como estas partes estão.

Cuidando deste corpo, nosso lar.

Sente-se ereto, sobre os ísquios, e solte os ombros. Deixe os pés bem esparramados no chão. Se possível fique descalço. Deixe as pernas e pés entreabertos, na largura do quadril. Acomode as mãos sobre as coxas. Dedos para dentro e cotovelos para fora.

Gire os ombros para trás e puxe-os para baixo, promovendo um alongamento. Depois de acomodados, braços organizados, leve o queixo na direção do peito. Depois, vá levando a cabeça para trás, elevando o queixo para o teto. Repita várias vezes, em câmara lenta. Leve a orelha direita na direção do ombro direito, com os ombros baixos. Volte para o centro, depois, leve a orelha esquerda para o ombro esquerdo, com os ombros baixos. Repita 3 a 5 vezes.

Gire a cabeça 3 vezes para um lado e 3 vezes para o outro... bem devagar.

Deixe os olhos entreabertos, evitando tontura, mas se quiser pode fechá-los, relaxando. Ao menor sinal de dor pare. Esta regra é para todos os movimentos.

Entrelace os dedos e alongue sua coluna para o teto, espreguiçando-se bem. Pode usar a mesa para apoiar as mãos e alongar a coluna – é uma delícia.

Efeitos: libera a circulação sanguínea e linfática; melhora a percepção dos sentidos; revigora rosto, pescoço e coluna; tira dores e tensões da cabeça - é relaxante; melhora a memória e a concentração. Atenção: adapte os movimentos às suas condições físicas.

Relaxando Ombros e Costas

Gire 3 vezes os ombros para frente, e 3 vezes para trás, o mais calmo possível.

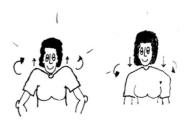

Balance os braços como se estivesse caminhando. Faça o movimento vir das omoplatas (escápulas) - lá das costas. Este movimento retira tensões dos ombros e peito.

Agora, erga os ombros na direção das orelhas – encoste-os nas orelhas. Deixe os braços soltos. Expire, soltando os ombros, afastando-os das orelhas o máximo possível. Sinta com consciência seus movimentos. Repita de 5 a 10 vezes.

Como Andar – O Corpo Fala

Vendo pessoas caminhando no parque, nas ruas, percebo o quanto muitas andam tortas. Umas corcundas, outras com o freio de mão puxado, em bloco, rígidas...

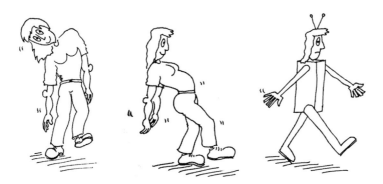

- Como se sentem? Será que já se olharam? Será que têm dores e não sabem por quê?

Tendo esta preocupação, estudiosos da fisioterapia desenvolveram um método para se reaprender a andar saudavelmente.

No início, parece esquisito, mas depois tornar-se natural e é muito prazeroso. Veja no meu canal do youtube como fazer.

Parte 1: Ande como se estivesse na rua e perceba seu corpo em seu caminhar.

– Para onde olha enquanto anda: para frente, para baixo ou para cima?

– Qual a posição da coluna e dos ombros? Braços e mãos?

– Queixo e cabeça? Respiração curta ou longa?

– O que mais se move e o que menos move?

– Como você pisa? Mais no calcanhar, pontas dos pés ou no meio?

– Qual a largura dos passos? Ande e perceba como você se sente.

– Se alguém o visse andando desta forma, diria que você transmite o quê?

– Alegria? Desânimo? Calma? Agitação...

– Alguém da sua família anda parecido com você? Quem?

Se alguém pudesse filmar enquanto você anda, observando todos os ângulos, seria fantástico para analisar.

Filmar todas as suas posições... sentado, deitado, em pé, em movimento, isto auxilia no seu autoconhecimento corporal e possibilitará maior e mais rápida consciência de seu corpo.

Agora, prepare-se, vamos fazer Transform...Ações.

Parte 2: Aperfeiçoando o Andar

PÉS: são como as raízes de uma árvore. Quanto mais enraizada a árvore, mais firme, mais flexível será. Para ter o corpo livre, você precisa de pés firmes e enraizados.

Aponte seus pés para o "objetivo": – Aonde quer chegar?

Toque primeiro a borda lateral externa do calcanhar no chão.

Depois os artelhos - a parte gorduchinha, antes do dedinho...

Depois os outros dedos, e o dedão, por último...

O dedão dá eo "impulso" para o próximo passo.

Os pés devem agarrar o chão. Dedos espalhados e arejados. Nada de sapatos apertados.

Faça em câmara lenta... até aprender. Fique 2 dias só prestando atenção nos pés, depois passe para os outros pontos.

Joelhos: sutilmente flexionados, dando liberdade ao movimento. São como amortecedores, dão ginga ao movimento.

Tamanho Do Passo: que dê para sentir que alongou a virilha da perna que ainda está atrás.

Cintura Pélvica: Quatro dedos para baixo do umbigo é o centro do movimento. Imagine-o firme interiormente, com tônus, alongado e ao mesmo tempo livre. Os ossinhos pontudos da crista ilíaca, olhando para frente, direcionando o umbigo para o objetivo.

Imagine por dentro do quadril, dando mais espaço entre os ossos, permitindo o ar se espalhar por esta região. Imagine o sacro apontando para o chão e o púbis subindo na direção do umbigo.

Uma báscula sutil – um encaixe. Mas se você já tem este encaixe desproporcional, causando mal-estar – este movimento deve ser evitado.

Mantenha essa consciência, até conseguir fazer o movimento mais solto e organizado. Se você achar que é complicado memorizar, apenas lembre-se de deixar o quadril livre.

Cintura Escapular: os movimentos dos braços saem das escápulas - ossos flutuantes, pontudos, atrás das costas.

Mantenha o peito aberto para o ar passar por dentro dele tranquilamente, sem estufá-lo. Braços soltos ao longo do corpo. Mãos relaxadas. Curta a satisfação de ter costas e ombros leves e soltos. Pratique por 2 dias este movimento, até memorizar.

Cabeça: o queixo deverá estar paralelo ao chão, alongando a nuca para o teto. Mantenha a garganta livre, para oxigenar a glândula tireoide.

Imagine um balão no teto que sustenta a cabeça, deixando-a livre, flutuando e alinhada.

Olhos direcionados para o horizonte, para o objetivo à frente. Eles acompanham o que se passa ao redor, descontraidamente.

Imagine um fio de prumo passando pela coluna, alongando a coluna para o céu... onde os ombros ficam soltos, relaxados.

Boca e maxilares relaxados, imaginando um semblante sereno, onde os músculos do rosto são puxados para cima... no sentido do sorriso (mesmo que não queira sorrir).

Imagine o ar (que é VIDA) espalhando-se pelas costas e por todo corpo.

Deslocamento: abra o peito e imagine, ali no meio, um fio puxando para cima e para frente. Assim o corpo se deslocará harmoniosamente para frente.

Esta mentalização facilita seu corpo ser projetado para frente, sobre o pé dianteiro, dando mais agilidade e beleza ao andar.

Lembre-se dos dedões empurrando para o próximo passo.

Respiração: deixe a respiração espontânea. Amplie o movimento das costelas, como se fosse uma sanfona que abre e fecha lateralmente...

No início é um pouco estranho andar assim, mas vá experimentando, até automatizar. No youtube: "O caminhar fala muito de nós", mostro como fazer.

Experimente praticar um item por dia e no final integre todas as partes, adaptando-as ao seu corpo. Lembre-se: aprendemos por repetição também.

Ande: deixe seu livro de lado e faça o seu laboratório experimental.

Movimente e libere bem as omoplatas, os ombros, solte o quadril, relaxe a boca, libere a nuca e a respiração. Olhe para o horizonte.

– Se alguém o visse andando assim, diria que você está transmitindo o que, agora?

– É igual a antes ou não? O que melhorou?

As pessoas comentam que se sentem mais leves e joviais. Este andar traz descontração, melhora a circulação, corrige a postura, libera os ombros, elimina dores de cabeça, e é excelente para o coração.

– Por que é bom para o coração e pulmões? Porque movimentamos bastante a região peitoral, queimando estas gordurinhas localizadas, ativando a circulação sanguínea, linfática e energética.

Shantala

O indiano, desde o terceiro mês de vida, é massageado diariamente, pelos pais, durante os primeiros anos, para formar sua estrutura corporal saudável. É a Shantala.

Esta massagem dá a informação para o corpo do bebê de seus músculos, movimentos, ossos, coordenação, etc... O toque contorna o corpo, dando a sensação de proteção, segurança e bem-estar.

Muitas crianças são pouco tocadas, por isso também se sentem agitadas, irritadas e nervosas.

Do útero acolhedor, que a envolvia inteirinha, com uma temperatura agradável, ela vem ao imenso mundo, onde tudo está longe de seu corpo. O que toca a sua pele é a roupa fria e, às vezes, a roupa sintética da mãe. Pouca pele com pele, pouca sensação de proteção.

Precisamos refazer o contato com o corpo, com a pele, com o calor humano.

Observe-se mais, reconheça e toque seu corpo, e a sua autoimagem melhorará.

Se tem pouco tempo com seu filho, por trabalhar demais, invista 20 minutos para ficar com ele, fazendo a Shantala. Isto trará uma sensação de conexão fantástica, em pouco tempo.

Shantala, é uma massagem suave, feita em todo o corpo, frente e atrás e pode ser usado um óleo natural para deslizar as mãos com suavidade. A temperatura do ambiente deve ser muito agradável, se preciso use mantas para manter o calor.

Ivaldo Bertazzo, da Escola de Reeducação do Movimento, em SP, diz:
– É importante tocar-se no sentido correto dos ossos, dos músculos, informando ao corpo a sua verdadeira função, aumentando o nível de propriocepção.

Ex.: escorregue a mão direita pela orelha esquerda até o ombro, descendo até o cotovelo, indo ao dedinho esquerdo, 5 vezes, sempre de cima para baixo. Depois, faça do outro lado.

Faça este deslizamento várias vezes durante o dia, informando aos ombros e braços para ficarem na posição anatômica, relaxando mais e mais. Faça dos dois lados.

Este simples ato auxilia muito no relaxamento dos músculos, aliviando dores, permitindo um conforto interno e liberação da respiração. Pode fazer em qualquer lugar.

"O corpo diz o que as palavras não podem dizer."

Martha Graham

Massagem Curativa

A massagem é a medicina mais antiga da humanidade. Curava-se através do toque das mãos. A ciência revela que as mãos têm um centro energético com poder criativo e curador. Muitas tradições religiosas e terapêuticas usam a imposição das mãos para a cura de enfermidades e também na direção de plantas e animais. Hoje em dia, estamos voltando a esta tradição que foi desvalorizada por tantos anos.

Vimos a Shantala usada em crianças, mas que pode ser aplicada em adultos. Reconectamos a afetividade saudável trazendo bem-estar imediato.

Shantala, como já mencionei, é uma massagem suave feita em todo o corpo. Pode ser feita com ou sem roupa – usando somente um calção ou biquíni. Se preferir, pode ficar com toda roupa e não usar óleo. Apenas a massagem sobre a roupa.

Existem livros e vídeos na internet com o passo a passo. Vale muito vencer os tabus e bloqueios e se entregar a esta "Magia do Toque".

Meu pai, hoje em dia, se derrete quando fazemos massagem nele. Ele pede. Os relacionamentos melhoram significativamente em contato com o toque.

Dê um presente surpresa. Faça um "SHANTALÃO" em quem convive com você - Hummm!

"A felicidade não se resume na ausência de problemas,
mas sim na sua capacidade de lidar com eles".
Albert Einstein

 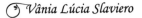 Vânia Lúcia Slaviero

Atualizando o Sistema Corporal

Pegue material para anotações.

Faça uma inspiração inteira e uma expiração inteira. Observe-se.

Lembre-se da luz que pisca no painel do carro, que é um sinal de alerta.

Localize agora o seu sinal de alerta: – Qual parte do corpo ou mente, está chamando a atenção?

Enquanto respira, observe-se.

Feche os olhos e sinta mais atentamente o sinal que está sendo enviado.

– Quais as características desta parte? O que sente nela?

– Se pudesse dar um símbolo para esta parte... que símbolo seria?

Faça um desenho deste símbolo... usando as cores que combinam com ele.

Pergunte para esta parte, para este símbolo: – Qual a "mensagem construtiva" que esta parte quer me enviar? Qual o aprendizado?

– O que posso fazer por esta parte? Que comportamentos preciso melhorar?

Permita vir a primeira resposta. Às vezes a resposta vem rápido, às vezes demora um pouco.

Imagine-se no Futuro, agindo com novos comportamentos mais salutares.

– Se eu me comportar desta forma, mais saudável, como ficará esta parte, como me sentirei?

– Que símbolo combinará com esta parte ao atingir o estado ideal? Desenhe.

Observe o novo desenho. Perceba se precisa de mais alguma coisa. Quando estiver Ok, visualize: feche os olhos, faça uma respiração inteira e interiorize esta nova sensação com sua nova forma, imagine que está colocando este novo código, nova informação, sobre a "parte" do seu corpo que viveu esta consciência neste momento.

Sinta essa ATUALIZAÇÃO, essa informação entrando nas células, na mente, fazendo parte de você agora.

E repita com entusiasmo e confiança:

> – Eu estou cada vez melhor, melhor e melhor.
>
> Faço naturalmente as transformações necessárias em mim, para estar cada vez mais "de bem com a vida".

Propósito: Eu, _____ a partir de _____ , vou aplicar e praticar no meu dia a dia _____

Acredite! Esta prática MeditAtiva tem muito poder.

Saúde ao Quadril e Genitais

Já praticamos uma respiração semelhante, mas agora, com um novo enfoque. Esta respiração alivia problemas intestinais, hemorroidas, dores abdominais e traz bom humor.

Imagine que está inspirando pelo canal anal. Pode rir, é engraçado, mas saudável.

Relaxe os músculos desta região e imagine o ar sendo inspirado por ali... Imagine que o ar vai subindo... subindo pela coluna...

E quando chegar na garganta, abra a boca soltando todo o ar... Aaahh... novamente... Inspire pela região anal e genital...

Puxe o ar bem devagar, espalhando por todo corpo e solte pela boca... aaahhh... relaxe em cima e embaixo ao mesmo tempo, na expiração. Repita 5 vezes.

Volte à respiração normal e observe-se em seu silêncio interior.

Curta este Presente. Esta respiração é conduzida pela imaginação, mas seus efeitos são bem reais.

Vânia Lúcia Slaviero

10 Pontos da Higiene

O corpo é a nossa primeira casa na Terra.

Dependendo de como cuidamos de nossa casa, nos sentiremos bem ou mal dentro dela. Se a casa está com lixo e poeira há dias, sem arejar, roupas sujas... – Dá vontade de ficar nela? Conviver nesta sujeira? Que estilo de pessoas gostam disso?

Pois é, tem gente que trata seu corpo desta maneira, por isso, muitas vezes não se suporta, nem os outros o suportam.

Avalie sua higiene pessoal diária, como está?

1. Banhos diários. Pele escovada para eliminar as células mortas e ativar a circulação.

2. Escovação dos dentes diariamente - fio dental em todos os cantinhos.

3. Escovação da língua para melhorar o hálito e até a dicção.

4. Limpeza nasal, assoando bem e massageando-as por dentro.

5. Cabeça limpa. Senão, os pássaros dos pensamentos podem gostar de fazer ninhos ali.

6. Ouvidos bem lavados, para escutar melhor. Por dentro e por fora.

7. Unhas limpas, pois elas podem acumular sujeiras e bactérias.

8. Lavar bem o umbigo e também entre cada dedo. Seque tudo muito bem evitando fungos e micoses.

9. Órgãos genitais limpos e muito bem enxugados. Pode usar até mesmo o secador de cabelos, nos climas muito frios, para retirar a umidade, evitando fungos.

10. Roupa e calçados podem ser velhos, mas sempre limpos.

É bom estar e descansar em uma casa limpa e cheirosa, e é bom morar em um corpo limpo e bem cuidado com amor e carinho!

Cuidado! Produtos de beleza entopem os poros e poluem seus rios internos (o sangue) – muitas alergias, manchas e doenças surgem desta poluição. Sobrecarga de produtos antinaturais no corpo. – Para quê? Seja bonita(o) naturalmente. Descubra-se.

A indústria do consumo irá dizer o que você necessita... e assim escravizam as pessoas. Gerando remédios para combater estes problemas e mais produtos que são desnecessários. Evite usar produtos de beleza principalmente em crianças. Permita a pele respirar naturalmente.

Para ter saúde natural, física e emocional, se faz urgente retornar ao Natural... conviver mais com a Natureza. Permita-se respirar por todos poros.

Merecemos viver cada vez melhor e isto depende de nossos hábitos diários!
– Como posso viver mais De Bem com a Vida naturalmente?

Espirrar

Conheço pessoas que têm vergonha de espirrar e então seguram o espirro. Trancam o espirro e não percebem que estão provocando um desequilíbrio interno enorme, podendo romper "vasinhos" e até sangrar.

Ressignificando:

– Por que o espirro acontece de repente? Se o espirro vem é porque tem poluentes, bichinhos nas vias aéreas e pulmões, e estão precisando sair para limpar o corpo.

É uma sabedoria natural do corpo, assim como bocejar, arrepiar, tossir, etc.

333

Vânia Lúcia Slaviero

Se tranca o espirro, os poluentes, vírus, etc, não saem e voltam para as vias aéreas e assim podem causar uma gripe ou outros problemas.

Portanto... espirre com toda vontade. Faça o ar sair voando para longe de você. Apenas cuide para desviar das pessoas. Use o bom senso.

Afirme quando espirrar ou quando alguém espirrar por perto:

– Espirrar é limpar. Que bom! Estou me limpando e purificando. Estou limpa(o), forte e saudável.

"Amor próprio começa assim: Respeitando os pedidos naturais de seu corpo".

V. L. S.

Trataka – Limpeza dos Olhos

– Quantas vezes você olhou para o infinito hoje? Observou as nuvens, o azul, os raios de sol, as estrelas, os passarinhos ao longe, as árvores, ou até mesmo prédios distantes?

Temos 6 nervos que enervam os olhos, mas geralmente usamos 2.

Se alguém chama ao lado esquerdo, viramos a cabeça inteira para olhar, ou para olhar um avião no céu - não fazemos estes movimentos só com os olhos, fazemos com a cabeça inteira.

Isto faz com que alguns nervos atrofiem e perdemos a capacidade visual completa.

A primeira parte do corpo afetada pelo estresse são os olhos. Precisamos reenergizá-los diariamente. Ensino no youtube como fazer.

Vamos deixar nossos olhos saudáveis, com uma boa visão?

Sente-se confortavelmente. Mantenha a cabeça fixa para frente. Não movimente a cabeça, só os olhos.

Polegar direito à frente dos olhos, cotovelo relaxado e ombros longe das orelhas.

Leve o polegar direito vagarosamente para o ombro esquerdo. Acompanhe o polegar somente com os olhos. Mantenha a cabeça imóvel, mas relaxada. Respiração livre. Relaxe a nuca...

Mantenha o polegar lá, fazendo 2 respirações. Volte devagar até o centro.

Repita o mesmo, levando o polegar esquerdo para o ombro direito. Volte para o centro.

Una os polegares e eleve os dedos para o teto. Respire 2 vezes livremente...

Abaixe os polegares na direção do chão, e acompanhe com os olhos, respirando livremente. Volte para o centro.

Desça os dedos para a diagonal inferior esquerda... Volte para o centro.

Desça para a diagonal inferior direita. Volte.

Eleve para a diagonal superior esquerda. Volte.

Eleve para a diagonal superior direita. Volte.

Traga para a ponta do nariz...

Depois, vá distancie os dedos e olhe para além dos dedos, olhando o mais longe possível, para descansar o nervo óptico. Solte as mãos.

De preferência, olhe para o céu, para fora da janela. Pisque forte 3 vezes, ativando a musculatura.

Friccione as palmas das mãos uma na outra, buscando energizá-las.

Faça uma concha com as palmas e acomode os olhos dentro das conchas.

Repouse sua cabeça, soltando o peso para as mãos e permaneça com os olhos no escurinho das mãos por 5 minutos.

Relaxe enquanto recupera a visão e o descanso mental. Depois, massageie as têmporas e o rosto. – Como está se sentindo? Como percebe seus olhos agora?

Isso melhora a irrigação e lubrificação ocular. Além de tirar dores de cabeça. Esta vivência é inspirada nas aulas de Hatha Yoga com a professora Monserrat Rosa Fernandes, minha Mestra de Yoga desde meus 17 anos.

– Cura miopia e cansaço dos olhos, se feito diariamente.

Nota: se quiser se aprofundar no significado dos movimentos oculares descobrindo o que cada movimento significa, leia o livro "Atravessando, Passagens - em Psicoterapia", de Grinder e Bandler.

Relembrar a Consciência

Nosso Lar nesta exitência é a Terra. Cabe a cada um fazer sua autoanálise e perceber qual a sua contribuição: – Destruição ou construção para este Lar melhorar?

Lembrando que somos um Micro Planeta no Macro Planeta. Assim como é dentro é fora.

– O que estou fazendo comigo? Com os outros? E com o ambiente? O que posso fazer para melhorar?

Hora de pintar novamente a Roda da Vida da página 34 e se autoavaliar. Lembrando de permitir-se presentes no Presente. Momentos de serenidade possibilitando ao outro este Presente.

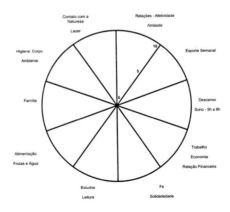

Yoga – Árvore da Vida

Um Caminho de Harmonia Plena

Há mais de II séculos a. C. na Índia, um sábio chamado Patanjali, inspirado no B. Gita, decodificou um caminho que pode levar o ser humano, naturalmente, à sua saúde física, mental e emocional, inserido no ambiente social.

Esta sabedoria milenar deu início a visão sistêmica e a vivência de que o corpo e a mente são interligados e que se manifestam do denso ao sutil. Ele organizou uma via com oito etapas para nos auxiliar no bem viver. Este caminho é chamado de Yoga: Yoga significa União.

Os 2 primeiros são o Código de Ética do Bem Viver = Yamas e Niyamas, escritos antes da Era Cristã, são muito parecidos com os 10 Mandamentos Cristãos. Isto nos deixa muito satisfeitos por saber que a linha de conduta é semelhante no Oriente e Ocidente. Só precisamos realmente por em prática diariamente.

1. Yama - Refere-se aos grandes mandamentos universais.

- Ahimsa - Não violência (ação pacífica com todos os seres).
- Satya - Verdade (busca da veracidade sem violência).
- Asteya - Não roubar (objetos e pensamentos).
- Brahmacharya - Autocontrole (comida, sexo, prazeres com prudência).
- Aparigraha - Desapego.

2. Niyama - Disciplinas pessoais.

- Saucha - Transparência (limpeza e higiene interna e externa).
- Santosha - Contentamento (atitude de gratidão).
- Tapas - Disciplina (autoesforço).
- Svadhyaya - Autoconhecimento (estudos).
- Ishvara Pranidhana - Fé em Deus. Além das religiões. Prática da espiritualidade natural. Religar-se.

3. Asana - Significa postura, exercícios psicofísicos - firme e confortável.

4. Pranayama - É o contato com a energia vital - consciência respiratória.

5. Pratyahara - Abstração dos sentidos, relaxamento.

6. Dharana - Prática da concentração, foco. Ex.: usar a respiração.

7. Dhyana - Prática da meditação.

8. Samadhi - Libertação - Iluminação - Unidade.

Crie o Seu Espaço

Encontre em sua casa um "espaço especial" para a sua prática de autocuidado.

Como se fosse o seu Templo Sagrado de reconexão e harmonização.

Minha mãe criou o seu espaço dentro do quarto, com uma manta no chão.

Em seu "espaço especial", você poderá dedicar 30 a 60 minutos por dia para si mesmo - com exercícios, meditação e relaxamento. Informe as pessoas para respeitarem este horário. Desligue todos estímulos externos.

Você "merece" se dar este presente. Esse cuidado pessoal.

Lembre-se: se começar a se respeitar mais, os outros o respeitarão também.

Praticando Saúde

Para desenvolver disciplina, recomendo escolher em torno de 3 atividades deste livro e praticá-las por uma semana, até conscientizar-se bem. Depois, escolha mais 3, e assim por diante, até aprender todas as técnicas, tranquilamente.

Se sentir dificuldades, peça auxílio, mas não se acomode no sedentarismo.

Quando dominar as técnicas, escolha as que mais se sentiu bem e monte uma sequência. Assim, vai praticando e buscando inovar a cada semana. Este é só um primeiro passo, em outros lugares aprenderá mais dicas e poderá unir os saberes.

O caminho é infinito, basta desfrutar.

Assumindo a Própria Vida

Chegue em casa, ao final do dia, e prepare o seu ambiente. Deite-se no chão sobre um colchonete ou manta.

Mantenha a coluna reta no chão e erga as pernas e braços, chacoalhando bastante, enquanto faz o sons das vogais.

Descanse as pernas sobre almofadas ou na parede, com os joelhos semi-flexionados, por 5 minutos.

Depois espreguice-se...

Use as bolinhas de tênis como descrevo anteriormente. Depois retire as bolinhas e observe-se. Faça uma retrospectiva do dia, criativamente, fazendo ressignificações.

Programe-se para ter uma boa noite e um dia seguinte ainda melhor.

*"Que o Universo me proporcione tudo o que preciso,
antes mesmo de eu precisar".*

Vânia Lúcia Slaviero

Prática Simples para Fazer em Casa

Inicie com um gostoso espreguiçar. Em pé - Faça o Sopro Há 3 vezes.

Giros ou vórtices: 6 a 12 voltas de acordo com as instruções deste livro. Depois eleve os braços para o teto, alongando a coluna.

Boneco de pano - individual: solte bem a cabeça e libere a respiração lá embaixo, solte-se. Suba, empilhando-se bem devagar. A cabeça é a última a subir. Olhos abertos.

Guiberish: chacoalhe-se, balance o corpo para ambos os lados, por 1 minuto, fazendo os sons aleatórios.

Sentado no chão: faça exercícios da Fonte da Juventude e para o ciático (mostro neste livro).

Gato de pernas para o ar: deitado, inspire profundamente e eleve pernas e braços - chacoalhe com vontade, soltando o som aaaaaaaa...

Savasana: solte seu corpo para relaxar. Relembre um passeio gostoso na Natureza e faça de conta que está lá agora. Ou apenas silencie, ouvindo os sons do ambiente, sem julgamento, por 5 a 10 min. Depois faça uma conversa com Deus, livremente. Agradeça, Viva o Presente, que é o maior Presente.

Sente-se e observe-se: Como está se sentindo após esta prática?

Namastê!

De Bem Com a Vida

Série de Yoga Suave + PNL

Ver meus vídeos no YouTube para fazer corretamente.

Nesta série, demonstro nas fotos como fazer cada ásana (postura).

Permaneça nas posturas o quanto for confortável, respeite seu ritmo. Quando precisar, espreguice à vontade. Limpe bem as narinas antes da prática. Inicie fazendo auto-observação silenciosa: – Como estou física, mental e emocionalmente?

Respiração - Pranayamas: Sentada fazer a "respiração abdominal" calma e silenciosa por 3 minutos. Esvazie bem os pulmões... soltando o ar pela boca bem aberta, 3 vezes. Depois solte pelo nariz naturalmente. Estique as pernas para a frente e chacoalhe. Agora gire os tornozelos para dentro e para fora - depois os pulsos.

Alongamento deitado: De costas no chão, colocar as mãos embaixo da cabeça com cotovelos na direção do chão e solas dos pés unidas, joelhos bem abertos. Lombar no chão. Permacer por 5 a 10 respirações. Espreguiçar-se bem ao terminar.

Pés para o céu: Coluna reta e bem acomodada no chão. Alongue uma perna de cada vez para o teto. Empurre o calcanhar para o teto e estique o joelho, gradativamente. Relaxe o pescoço e a boca. Se precisar, use uma faixa no pé e segure as pontas com as mãos. Alongar as duas pernas para o teto - lombar acomodada no chão.

Posição da semente: Abraçar os joelhos e levar cabeça na direção deles, com suavidade. Depois fazer um gostoso espreguiçar.

Gato - posição de 4 apoios: Inspirar elevando a cabeça enquanto a coluna afunda na direção do chão, e expirar levando queixo ao peito e arcando a coluna na direção do teto. Como um gato. Isto abre espaços entre as vértebras e beneficia a articulação do quadril, mãos e ombros.

Cão olhando para baixo: Da postura do Gato, é só empurrar calcanhares para o chão e elevar o quadril, fazendo uma ponte. Alongar bem braços e joelhos. Cabeça relaxada. Mãos firmes no chão. Permaneça por 5 respirações ou 1 minuto, fortalecendo braços, coluna, oxigenando mais o cérebro e órgãos dos sentidos.

Folha dobrada - yoga mudra: Sente-se sobre os calcanhares e coloque a cabeça sobre as mãos no chão. Esta postura acalma a mente e alivia cólicas e dores nas costas. Bom para fazer antes de dormir.

Borboleta sentada: Una as solas dos pés e abra os joelhos. Brinque com os movimentos livreMente. Depois deite de costas no chão.

Posição da Semente: Dobre as pernas sobre o abdômen e abrace-as, alongando as costas, espreguiçando-se depois.

De Bem Com a Vida

Torção suave: Deitado, joelhos e pés juntos sobre o abdômen, abra os braços em cruz no chão e leve os joelhos unidos para o lado direito e relaxe no chão, e o rosto vira para o lado oposto. Respire 3 vezes e relaxe. Volte os joelhos e a cabeça ao centro e repita para o outro lado.

Savásana - relaxamento: Deitado de olhos fechados, na postura do descanso, relaxe parte por parte do corpo e sinta sua respiração, calma e silenciosa, como aprendemos neste livro. Pratique Yoga Nydra por 5 a 10 minutos.

Meditação: Ouça os sons do ambiente e sinta cada parte do corpo, da cabeça aos pés, calmaMente por 5 a 10 min. Pode vocalizar o som OM, ou o que preferir, de forma contínua. Ficar em silêncio também é regenerador.

Sankalpa: Faça agradecimentos e visualize seu objetivo construtivo para o dia, mantenha a mente serena e no Presente por instantes.

Namastê!!! – Deus em mim, saúda Deus em você.

Vânia Lúcia Slaviero

Praticando Neuroplasticidade

Faça de conta que este é o primeiro dia do resto de sua vida. Viva plenamente e com curiosidade.

- Olhe o Sol ou a Lua, depois imagine-a olhando para você. – O que ela vê lá de cima?
- Passe um dia mais visual, ou auditivo, ou cinestésico.
- Abrace 4 pessoas no mínimo, por dia.
- Fique sem celular por meio período, ou o dia inteiro.
- Pendure um quadro de ponta cabeça e observe-o.
- Fique um dia em silêncio... se precisar, só escreva bilhetes.
- Aprecie uma flor e seu aroma. Ouça o canto dos pássaros de olhos fechados.
- Escreva elogios e entregue para as pessoas. Fale para as pessoas o quanto gosta delas.
- Brinque como criança. Use uma roupa do avesso.
- Coma alimentos mais naturais e beba só água hoje.
- Escreva uma poesia e declame para alguém.
- Agradeça mais... até o ar que respira naturalmente.

Acredito

Acredito no poder da Liberdade Consciente. No poder curaDor da AlegRia.

Acredito que sou responsável por tudo o que me acontece.

Acredito no poder de "não julgar o próximo". Ninguém conhece o que realmente impulsiona os comportamentos das pessoas - respeitar é o mínimo que se pode fazer.

Acredito no respeito à Família, à Natureza, ao Todo que existe e que não vejo ou ouço diretamente.

Acredito na força da Solidariedade e do Agradecimento.

Acredito em Deus. E este presente ganhei de minha Mãe.

Acredito que tudo tem um significado e traz um aprendizado positivo.

Acredito que o mundo é bom e que somos as células que compõem este infinito corpo que é Deus, e como aprendi que Deus é bom, nós, suas células, também somos.

Acredito na força do Trabalho... herança de meu Pai.

Acredito que todas as pessoas são potencialmente boas... tudo é uma questão de tempo para despertar mais a consciência.

Acredito que meu corpo é minha casa. Se estou "de bem comigo mesma", estarei bem em qualquer lugar do planeta, com qualquer pessoa, em qualquer dimensão.

Acredito na Lei da causa e efeito - ação e reação.

Acredito que existem tantas pessoas boas neste planeta, que eu sempre vou estar rodeada por elas, em qualquer lugar a que eu vá.

Acredito que a vida continua e que a morte é apenas uma passagem de dimensão. A reencarnação é justiça Divina. Aqui se faz, aqui se paga... e aqui todos aprendem a se libertar.

Acredito que Deus é cósmico - Criador do Universo, e não conseguimos definir, apenas sentir.

Meu Mais Profundo Desejo

Quero que a saúde seja um estado naturalmente conquistado por TODOS os Seres. Que passe a ser tão abundante e normal, quanto respirar.

E se, ao chegar ao final desta leitura, você se esquecer de tudo, mas apenas lembrar-se de fazer um gostoso Aaahhh...agradecida estou...

Um abraço amigo e muitas graças por sua especial atenção. Com amor e gratidão - Vânia Lúcia Slaviero

"Não somos seres humanos vivendo uma experiência espiritual, somos seres espirituais vivendo uma experiência humana".

Teilhard de Chardin

Vânia Lúcia Slaviero

O Poder da Gratidão

Eu Vânia, Sou Grata...

Segundo o neurocientista Andrew Huberman, professor do Departamento de Neurobiologia da faculdade de Medicina da Universidade de Stanford, agradecer ativa circuitos neurais promovendo mudanças positivas no cérebro. Ajuda a reduzir o estresse porque libera neurotransmissores positivos e serotonina, que é o hormônio do bem-estar e prazer. Gratidão, ou muito obrigada, são forças poderosas que abrem o caminho da abundância material e emocional.

> Vivência:
>
> - Lembre de um momento em que recebeu um agradecimento por ter ajudado alguém, por mais simples que seja este momento.
>
> - Como se sentiu?
>
> - Lembre de um momento em que você agradeceu alguém com sinceridade.
>
> - Liste 10 coisas nas quais você agradece neste momento de sua vida.
>
> - Pratique nesta semana mais momentos de gratidão e seja mais feliz.

Agradeço ao teto que me protege e ao chão em que piso, à água que me sacia, à eletricidade, ao gás, à energia... mesmo não sendo meus.

Agradeço aos vegetais, aos alimento que como, mesmo devolvendo-os para a Terra. Agradeço às pessoas que plantaram, colheram e venderam.

Agradeço aos inventores de todos os objetos úteis do Universo, que fazem minha vida mais confortável e prazerosa.

Agradeço ao ar que respiro, por ser abundante para todos. Agradeço ao fato de expirar, sentindo-me vazia por instantes para o ar, ali, retornar.

Agradeço aos pais que escolhi, irmãos, amigos, animais... aos seres que me rodeiam. Agradeço a eles por me ensinarem a me autoconhecer através dos espelhos.

Agradeço aos Seres de Luz, a Deus, por conhecer minhas fraquezas, dores, meus sonhos... e mesmo através da dor, através de caminhos tortuosos e estreitos, me conduzir aonde quero realmente chegar.

Agradeço a cada célula por serem tão fantasticamente receptíveis a todos os programas que instalo em meu biocomputador... a mente.

Agradeço aos meus desequilíbrios, porque ali percebo o quanto me distanciei de mim mesma e perdi meu centro... buscando em seguida me reencontrar.

Agradeço à minha boca, por poder expressar meus pensamentos. Por muitas vezes ter uma palavra amiga e expressar o sorriso ao reconhecer minha própria pequenez.

Agradeço aos meus olhos, por enxergar exatamente tudo o que tenho dentro de mim, e que ainda nem sei que tenho, e que ainda projeto, achando que este maravilhoso mundo que vejo, está fora e não dentro.

Agradeço aos meus ouvidos, por ouvirem a Natureza em expressão e, no silêncio, eu me ouvir, sendo no silêncio do meu coração.

Agradeço às minhas mãos, que escrevem, acariciam, doam, recebem e co-criam.

Agradeço infinitaMente... eternaMente!

Agradeço por você estar aqui...

Se não fosse você... estas palavras não teriam sentido em existir.

"É um ato de humildade e coragem saber reconhecer e agradecer".

VLS

Vânia Lúcia Slaviero

A Autora

Vânia Lúcia Slaviero: nasceu em Planaltina do Paraná - PR, em 1962, e atualmente mora em Curitiba-PR.

Escritora, formada pela Faculdade de Yoga Terapia, em 1984, em Curitiba; Pedagoga; Master Trainer em Programação Neurolinguística Sistêmica - PNL, 1990, com, Dr. Allan Ferraz Santos JR., Mariângela Fortes Veiga, Antônio Carlos (Dadau), SBPNL Gilberto Cury (pessoas que trouxeram a PNL para o Brasil); membro da Comunidade Mundial de PNL em Saúde, EUA 1995, com Robert Dilts, Suzi Smith, Tim Hallbom; Terapia Psicocorporal MARP, com Serge Peyrot, 1988; Hipnose Ericksoniana, com Dr. Jairo Mancilha, 2000; Massagem Terapêutica e Do-In com Juracy Cansado,1984; Método R.Y.E. Michelyne Flack, 2006 - PSYCH-K com Beth Holstein, 2014.

Reeducadora Postural pela Escola do Movimento Ivaldo Bertazzo SP; formada em Biopsicologia, com Suzan Andrews, 2016; Danças Circulares, com Willian Vale, Domingos Waleski; Dança do Ventre, com Vydia; E.F.T., com André Lima; entre outras formações.

Pós-graduações em Programação Neurolinguística; Yoga Pedagógico com Neuroaprendizagem; Antroposofia como Base para Práticas de Saúde, na Universidade Positivo. Palestrante em instituições educacionais e empresariais.

Tem uma Casa de Autocohecimento, em Curitiba, onde coordena cursos e pós-graduação em Programação Neurolinguística com Qualidade de Vida - Yoga Pedagógico com Neuroaprendizagem.

Criou o método De Bem com a Vida na Escola (livro - 2004) onde ensina esta arte para professores e educadores do Brasil.

Seus cursos podem ser feitos presenciais ou on-line.

"Tudo o que acontece na sua vida é você que atrai.
É fruto do que você pensa".

Amit Goswami, Phd - Física Quântica

De Bem Com a Vida

*"O saber se aprende com os mestres.
A sabedoria, só com o corriqueiro da vida".*
Cora Coralina

Livros de autoria de Vânia Lúcia Slaviero:

- **A Borboleta de Duas Cabeças.** - Editora Reviver, SP. 2023.
- **Metáforas.** - com participação de Maura L. Diniz. Curitiba-PR. 2000.
- **De Bem Com a Vida na Escola.** Curitiba-PR. 2004.
- **Corredor da Biodiversidade.** Editora SEMA - PR. 2005.
- **Oráculo das Borboletas - 67 Mensagens Ilustradas de TrasnformAção para Viver De Bem Com a vida; PNL e Espiritualidade** - Curitiba-PR. - 2006.
- **10 Portais de Sabedoria,** Editora Appris, PR. 2017.
- **A Cura pelas Metáforas,** Editora Appris, PR. 2019.
- **Uma Mulher Fora do Tempo: aprendendo a voar** - Editora Appris, PR. 2025.

Áudios e vídeos de meditação e relaxamento.

Youtube - Instagran - Facebook
Vânia Lúcia Slaviero

Contato
(41) 99903-8519
www. vanialuciaslaviero.com

Bibliografias Recomendadas

ANDREAS, CONNIRAE com TAMARA ANDREAS. *Transformação Essencial - Atingindo a nascente interior.* São Paulo: Summus Editorial, 1996.

ANDREAS, STEVE E CHARLES FAULKNER. *Programação Neurolinguística - A Nova Tecnologia do Sucesso.* Rio de Janeiro: Editora Campus, 1995.

BANDLER, RICHARD e JOHN GRINDER. *A Estrutura da Magia - Um livro sobre Linguagem e Terapia.* Rio de Janeiro: Editora Guanabara Koogan S.A., 1977.

BANDLER, RICHARD e JOHN GRINDER. *Sapos em Príncipes - Programação Neurolinguística.* São Paulo: Summus Editorial, 1982.

BERTHERAT, THERESE. *A Toca do Tigre.* São Paulo: Editora Martins Fontes, 1990.

CAPRA, FRITJOF. *O Ponto de Mutação.* São Paulo: Editora Cultrix, 1982.

CHOPRA, DEEPAK. *As Sete Leis Espirituais para o Sucesso.* Editora Best Seller. 1994.

CHOPRA, DEEPAK. *Corpo sem Idade, Mente sem Fronteiras.* Rio de Janeiro: Editora Rocco, 1996.

CRUZ, MAURY RODRIGUES. *No Cenário da Vida.* Pelo espírito Leocádio José Correia (psicografado). Curitiba, PR: Sociedade Brasileira de Estudos Espíritas, 1993 (e todas as obras referentes a este mesmo autor).

DILTS, ROBERT - TIM HALLBOM e SUZI SMITH. *Crenças - Caminhos para a Saúde e o Bem-Estar.* São Paulo: Summus Editorial, 1993.

GAWAIN, SHAKTI. *Vivendo na Luz.* São Paulo: Editora Pensamento, 1986.

HERMÓGENES. *Saúde na Terceira Idade.* Rio de Janeiro: Editora Nova Era, 1996.

KELDER, PETER. *A Fonte da Juventude.* São Paulo: Editora Best Seller, 1989.

LINTON, RALPH. *O Homem, uma Introdução à Antropologia.* São Paulo: Editora Martins Fontes, 1987

O'CONNOR, JOSEPH e JOHN SEYMOUR. *Introdução à Programação Neurolinguística.* São Paulo: Summus Editorial, 1995.

ROBBINS, ANTHONY. *Poder Sem Umites* - Editora Best Seller, 1987.

TOBEN, BOB E FRED ALAN WOLF. *Espaço Tempo e Além - Em Conversa com Físicos Teóricos.* São Paulo: Editora Cultrix, 1982.

www.golfinho.com.br

De Bem Com a Vida

Depoimentos

Itaipu Binacional: 1996 - 1998

– "As relações humanas, provavelmente, vão melhorar a partir de vivências como esta. As novidades que Vânia nos proporcionou, nos ajudaram a ser melhores, mais felizes e saudáveis, a enxergar o mundo de uma forma mais alegre, gostosa e viver em paz".

– "A oportunidade de relaxar e de pensar sobre o modo de como "estou conduzindo" minha vida foram muito úteis".

– "Proporcionou-nos autoconhecimento, com isso melhoramos nossa qualidade de vida, tanto no trabalho como na vida particular".

– "A novidade e simplicidade das técnicas permitem que sejam utilizadas no cotidiano, possibilitando repassar para outras pessoas. É muito enriquecedor".

– "Este curso deve ser aplicado para o maior número de pessoas possível na empresa e também para todos familiares".

Furnas Central Elétrica do PR

José Maurício Zaroni – Chefe de Produção do Paraná

– "Vânia abrangeu nosso local de trabalho e toda a equipe que participou do evento com uma incomum riqueza, com clareza de propósitos, aliadas à capacidades de envolver a todos de uma forma simples e alegre, proporcionando-nos uma "melhoria de qualidade de vida". Divertimo-nos, aprendemos, nos relacionamos e nos emocionamos como Seres Humanos".

Faculdade CEFET – UTFPR – 1996 a 1999

"Toda equipe de profissionais e professores agradece muito à professora Vânia por nos mostrar outras possibilidades em didática na educação, de forma descontraída e inovadora. Melhoramos na forma de trabalhar, na qualidade de vida e nos relacionamentos interpessoais".

Judith Sendtko - Secretária da Educação de Palotina PR. 2021

Garanto que a saúde emocional de nossos professores e profissionais da educação foi extremamente decisiva neste ano em meio a pandemia, com a presença de Vânia. Ela nos acompanhou desde março até dezembro onde tivemos a grata satisfação de oferecer as atividades "De Bem com a Vida na Escola". As aulas on-line foram semanais e antes eram cursos presenciais. Com certeza, "cuidar de quem cuida" da forma que Vânia aborda, é decisivo no processo educativo.

Antônio Hirt - Médico

Vários acontecimentos na nossa vida são marcantes e nos levam a repensar nas atitudes. Esse curso de PNL não foi diferente e posso dizer que existe o Antônio antes e o depois do curso com Vânia, principalmente na maneira de enxergar a vida e entender as pessoas.

Tiago Gagliano - Juiz

"A alteração em minha vida, haurida com estes ensinamentos, têm sido evidente tanto em seara profissional como pessoal. Iniciei a PNL com Vânia Lúcia Slaviero, preocupado apenas em incrementar minha atividade profissional, mas estou percebendo que a mudança tem contornos bem mais profundos. Estou crescendo como indivíduo e não apenas como profissional".

Guaraci Joarez Abreu - Delegado de Polícia

"Pensar diferente... A simplicidade aparente contém grande paradoxo. Simplesmente aprendi a utilizar toda minha potencialidade, que não me foi ensinada, mas sim revelada".

Edmilson Fabbri – Médico

A formação em PNL com Consciência Corporal, com a Professora Vânia Lúcia Slaviero, completou maravilhosamente minha formação profissional. Uso muito na medicina o aprendizado obtido. Sou muito grato à essa profissional competentíssima por esse aprendizado.